L'ENSEIGNEMENT

DU

DESSIN

AUX ÉTATS-UNIS D'AMÉRIQUE

(NOTES ET DOCUMENTS)

PAR

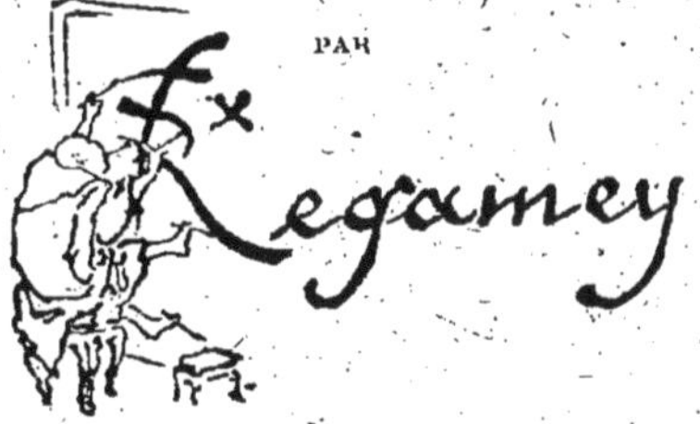

Fx Legamey

PARIS

LIBRAIRIE CH. DELAGRAVE

15, RUE SOUFFLOT, 15

L'ENSEIGNEMENT DU DESSIN

AUX ÉTATS-UNIS

L'ENSEIGNEMENT

DU

DESSIN AUX ÉTATS-UNIS

(NOTES ET DOCUMENTS)

PAR

FELIX REGAMEY

> « Nous parlons trop; nous devrions
> moins écrire et plus dessiner. »
> GOETHE.

PARIS

LIBRAIRIE CH. DELAGRAVE

15, RUE SOUFFLOT, 15

—

1881

INDEX

Paris, imprimerie P. MOUILLOT, 13-15, quai Voltaire. — 22638.

INTRODUCTION

Aux États-Unis, les questions d'enseignement ont toujours été considérées comme d'un extrême intérêt, et c'est de la manière la plus énergique, et par suite la plus efficace, qu'on a mis en pratique la recommandation faite par George Washington, dans son message d'adieu :

« *Promote, then, as an object of primary importance, institutions for the general diffusion of knowledge.* »

« Il est de la plus haute importance que vous vous occupiez de fonder des institutions ayant pour but la diffusion générale des connaissances. »

Ses compatriotes, qui avaient le sens de l'avenir et l'amour de la patrie, n'eurent pas de peine à comprendre que leur constitution républicaine resterait lettre morte si le peuple, auquel elle donnait le pouvoir de s'administrer lui-même, demeurait plongé dans une ignorance semblable à celle des paysans d'Europe ou des esclaves d'Amérique.

L'appel du *Père de la patrie* s'adressait d'ailleurs directement à ses concitoyens, beaucoup plutôt qu'à leurs représentants et à leurs magistrats.

Si les différents corps législatifs, depuis le plus humble « comité de district » jusqu'au Congrès, s'occupaient, chacun dans la mesure de ses attributions, de l'éducation nationale, jamais, de son côté, le souverain — le peuple — ne manqua d'intervenir directement dans la question avec une libéralité magnifique, et ne s'abstint d'exercer son droit d'absolu contrôle.

Tandis que la nation, représentée par le Congrès, accorde aux États nouvellement acquis à l'Union le bénéfice d'un seizième prélevé sur la vente des biens nationaux pour être appliqué à l'enseignement (1), — représentée par les simples particuliers, elle prélève sur la fortune privée, au profit de la culture intellectuelle, des sommes telles que celles-ci :

1866-69.	George Peabody (Angleterre)...	3.700.000 dollars.
1873.	John Hopkins (Maryland)......	3.500.000 —
1865-78.	Asa Packer (Pensylvanie)......	3.500.000 —
1831.	Stephen Girard...............	2.000.000 —
1870.	W. W. Corcoran (Washington D. C.)....................	1.610.000 —
1872.	Isaac Rich (Massachusetts).....	1.500.000 —
1873-76.	Cornelius Vanderbilt (New-York)	1.300.000 —
1874.	Samuel Williston (Massachusetts).........................	1.0000.00 —
1873-76.	James Lick (Californie)........	850.000 —
1859.	Peter Cooper (New-York)......	800.000 —
1870-80.	James Lennox —	800.000 —
1861-68.	Matthew Vassar —	800.000 —
1848.	J. J and W. B. Astor (New-York)	780.000 —
1866.	Ezra Cornell (New-York)......	735.000 —
1854.	Eliphalet Aott —	600.000 —
1871-76.	Chauncey Rose (Indiana)......	600.000 —
1829.	James S. Smithson (Angleterre).	540.000 —
1879.	Walter Hastings (Massachusetts)	500.000 —
1878.	D. P. Stone —	500.000 —
1878.	Silvanus Thayer —	480.000 —
1871-73.	A. Pardec (Pensylvanie)........	450.000 —
1873-76.	James Brown (New-York)......	400.000 —
1876.	Willard Carpenter...........	400.000 —

1. Budget de l'Instruction publique pour 1870 : 403,394,600 francs. Le salaire des professeurs entre dans ce chiffre pour 258,903,150 francs.

1872.	Sophie Smith (Massachusetts)....	400.000	dollars.
1842.	Benjamin Bussey — ...	350.000	—
1850-80.	Joseph E. Sheffield — ...	350.000	—
1872-75.	J.-C. Green (New-York).........	330.800	—
1876.	Leonard Case (Ohio)...........	300.000	—
1872.	H. W. Sage (New-York)........	300.000	—
1864-66.	Augustus R. Street (Connecticut).	300.000	—
1875.	Tappan Wentworth (Massachusetts)..................	300.000	—
1836.	John Lowell (Massachusetts).....	250.000	—

Ensemble............ 30.225.000 dollars.

Soit, en francs, 151,125,000 !

Quelle puissance d'action ne doivent pas acquérir l'effort officiel et l'effort privé ainsi combinés dans un but commun !

Les hommes d'État américains attachent une telle importance au développement de l'instruction qu'ils ne négligent aucune occasion d'en donner un témoignage public.

Le fait suivant nous en fournit la preuve.

Le président des États-Unis passait il n'y a pas bien longtemps à Canton, dans l'Ohio ; des vétérans de la guerre de sécession viennent en corps lui rendre hommage. M. Hayes leur fait un discours. Mais de quoi leur parle-t-il ? Exclusivement de l'instruction publique. Il leur montre les efforts déjà faits et ceux qui restent à faire pour détruire l'ignorance : « En 1870 les États du Sud comptaient quatre millions d'illettrés, en 1878 on en trouvait encore deux millions et demi. Ce n'est pas assez d'avoir affranchi les esclaves, il faut achever l'œuvre en les instruisant ; de même pour la question indienne : c'est au livre aujourd'hui, non plus au rifle, qu'il faut en demander la solution (1). »

Bref, après être entré, sur toutes ces matières, dans les détails les plus circonstanciés, le président termine sa harangue par cette déclaration : « Ne nous lassons pas de fonder et d'entre-

---

1. Population indienne aux États-Unis..................... 251,000
Professeurs et missionnaires........................... 500
Indiens sachant lire................................... 50,000
Budget.. fr. 1,750,000

tenir des écoles gratuites. Autrement nous arriverons vite à l'abaissement du droit de suffrage et, par suite, à l'anéantissement de ce droit. Consultez l'histoire, elle vous apprendra que les nations qui assurent le mieux leur suprématie, dans la paix ou dans la guerre, sont celles qui font le plus pour étendre l'instruction. »

Qu'un général choisisse un pareil thème pour haranguer de vieux soldats, n'est-ce pas un trait tout caractéristique de la préoccupation actuellement dominante dans les régions gouvernementales de l'Union ?

Or, il importe de le remarquer, une grande partie des ressources créées, aussi bien par les particuliers que par les *législatures*, est appliquée, surtout depuis quelques années, au développement des arts industriels.

De l'autre côté de l'Atlantique, comme de ce côté-ci, *l'enseignement du Dessin* est devenu pour les esprits éclairés la grande préoccupation du moment. Aussi les documents et les faits s'accumulent-ils autour de l'observateur qui se propose, comme nous, d'étudier ce mouvement dans ses origines, ses progrès et ses résultats.

Visitant successivement les villes où nous aurons le plus à apprendre à notre point de vue spécial, c'est Boston qui nous arrêtera tout d'abord, puis New-York, Philadelphie, Baltimore, Saint-Louis, Chicago et Washington.

BOSTON

BOSTON

Tandis que dans l'ouest des États-Unis l'agriculture pénètre chaque jour plus avant parmi les vastes solitudes incultes jusqu'alors, dans l'est c'est l'industrie qui élargit son domaine avec une incroyable puissance d'expansion.

Il y a vingt ans, en effet, les produits fabriqués comptaient pour fort peu de chose dans la richesse du pays. Aujourd'hui, pour le seul État de Massachusetts, la statistique établit les chiffres suivants :

	Nombre d'individus employés.	Capital engagé.	Produit annuel.
Agriculture...	70.945	1.050.000.000 fr.	205.000.000 fr.
Industrie	316.459	1.415.000.000 fr.	2.965.000.000 fr.

Dès les premières manifestations de cette révolution économique extraordinaire, on comprit que la valeur d'un objet fabriqué s'élève en raison directe de la somme d'art et de goût dépensée pour sa production. De là cet axiome que l'ouvrier retire un salaire plus élevé, le marchand un meilleur profit, et l'acheteur une satisfaction plus complète d'un objet portant le cachet artistique que d'un objet qui en est dépourvu. Ainsi fut-on amené à conclure qu'il devenait essentiel de former des ouvriers habiles, d'abord en modifiant dans ces vues le plan général de l'éducation des enfants, puis en instituant des cours spéciaux. Il était d'ailleurs évident qu'étant donné le but proposé, c'est au profit de l'art du dessin qu'il fallait faire tourner l'évolution résolue.

Aussi est-ce dans ce sens que l'on se mit à l'œuvre.

Au point de vue intellectuel, Boston, surnommé « l'Athènes d'Amérique », a toujours occupé le premier rang.

C'est de là qu'est parti, en 1870, l'irrésistible courant grâce auquel le pays tout entier s'occupe aujourd'hui avec tant d'ardeur de développer la connaissance du dessin.

Parmi les hommes éminents qui travaillèrent avec un dévouement sans bornes à la réalisation de cette pensée, il en est trois dont les noms se distinguent entre tous.

C'est d'abord C. B. Stetson, érudit consommé, patriote ardent; il mit, dès le premier jour, toute sa science au service de l'enseignement. Nous avons de lui, sous les yeux, un petit traité anonyme, — car il poussait la modestie jusqu'à ne pas toujours signer ses ouvrages, — publié vers 1872, sous ce titre : *Industrial drawing for beginners,* « Le dessin industriel pour les commençants. »

Cette publication contient deux cent cinquante dessins, accompagnés des indications nécessaires pour les exécuter; exercices de géométrie et autres d'après nature, arrangés systématiquement et « bien calculés », comme le dit l'auteur, pour guider l'œil et la main, fortifier la mémoire et le jugement, cultiver le goût, développer l'imagination et l'invention. Entre autres conseils, nous y trouvons celui-ci, qui nous paraît excellent à tous égards :

« Lorsqu'il commence la copie d'un modèle, l'élève doit procéder par points plutôt que par lignes. »

En 1874, C. B. Stetson donne un nouvel ouvrage, signé cette fois : *L'éducation technique : ce que sont et ce que doivent enseigner les écoles publiques américaines.*

Ce travail, très complet, et qui dénote un sentiment profond des besoins de la pédagogie, au point de vue pratique, a pour base la comparaison des méthodes et des résultats de l'éducation technique en Europe, d'après les rapports officiels. Nous y trouvons les aperçus suivants :

« Un cours de dessin bien entendu doit embrasser de nombreuses sections clairement définies. L'ensemble doit être systématiquement ordonné, en tenant compte :

C. B. STETSON
D'après le bas-relief de Henri Cros.

« 1° De l'ordre logique des principes ;
« 2° Des difficultés manuelles d'exécution ;
« 3° Des capacités diverses d'élèves d'âge différent ;
« 4° Des principes généraux de l'enseignement.

« Le dessin, ne pouvant être considéré comme une chose vague et incertaine, doit être traité aussi rationnellement que toute autre branche de l'enseignement. »

L'auteur recommande ensuite l'usage des *Text-books*, cahiers de modèles avec des explications; celui du tableau noir pour dessiner en grand des dessins dictés, exercice excellent qui force l'élève à réfléchir en reproduisant les formes exactes des choses que représentent les mots; et du dessin de mémoire, dont l'importance n'est plus à démontrer.

En effet, dès 1847, M. Lecoq de Boisbaudran, qui fut professeur, puis directeur de la plus importante école de dessin de Paris, faisait paraître une brochure sous ce titre : *Éducation de la mémoire pittoresque*, où, pour la première fois, se trouvaient posés les principes de la méthode, mise en relief depuis lors par une pratique de plus de vingt années, et qui valut à son auteur l'approbation d'artistes et de savants tels que Paul Delaroche, Eugène Delacroix, Horace Vernet, Léon Cogniet, Viollet-le-Duc, Mérimée, François Arago, Chevreul, etc.

C. B. Stetson était certainement l'homme que ses nombreux travaux rendaient le plus compétent, pour mener à bien l'œuvre à laquelle il avait voué sa vie. Malheureusement, une maladie de cœur emporta trop tôt ce pionnier de l'art, puissante organisation intellectuelle mal servie par un corps débile. Du moins eut-il la joie de voir lever le grain qu'il avait si vaillamment semé, et, par suite, la consolation de n'avoir pas travaillé en vain.

Après Stetson, nous rencontrons M. Ch. C. Perkins, président du Comité d'éducation, directeur du *Boston Art Museum*, dont la patiente activité n'a cessé de se faire jour, pendant ces dernières années, par des discours et des écrits; propagande zélée, servie par l'autorité qu'il doit à son caractère, autant qu'à sa haute situation.

Autour de lui s'est groupée toute une pléiade d'hommes de foi, joignant à la compétence la plus incontestable l'entente claire des nécessités du moment.

Dès le début de la campagne qui se poursuit, ils amenèrent à eux l'opinion publique.

En 1870, une loi fut promulguée qui, déclarant l'étude du dessin *obligatoire* dans les écoles primaires du Massachusetts, ordonna l'établissement d'écoles d'art industriel dans toute ville ayant plus de dix mille âmes.

Cette première et importante disposition prise, on ne tarda pas à s'apercevoir qu'il restait encore bien à faire.

A peine, en effet, comptait-on alors à Boston cinq professeurs de dessin. Que tenter dans ces conditions ?

On pensa qu'il fallait commencer par unifier l'enseignement en adoptant une méthode unique.

UNE ÉCOLE PRIMAIRE

Après mûr examen, on fit appel à l'Angleterre et l'on engagea I. Walter Smith, *Master of Art*, de l'école de Kensington.

Grâce à ses nombreux travaux et particulièrement à ses raports sur l'Exposition des écoles françaises de dessin, en 1864 et 869, M. W. Smith avait acquis une autorité considérable en matière d'enseignement artistique. Dès 1872, il apporta le tribut e son érudition et de son expérience à l'élaboration définitive des programmes ébauchés; c'est à lui qu'on en doit le développement méthodique, si remarquable à tous égards et qu'on a pu constater ultérieurement (1).

La théorie de M. Walter Smith se trouve résumée dans les extraits ci-dessous, tirés d'une de ses innombrables publications sur la matière (2) :

« Nous ne devons nous occuper d'enseigner que ce qui peut être appris par tous, et être directement ou indirectement utile à tous.

« Nous laissons à l'enseignement avancé ou spécial le soin d'enseigner ce que peuvent désirer savoir quelques personnes exceptionnellement douées par la nature ou par la fortune, et dont le public n'a pas à s'occuper.

« C'est le dessin industriel et non le dessin pittoresque ou pictural qu'il convient d'enseigner dans les écoles publiques.

« Les exercices, toujours progressifs, doivent être reliés entre eux depuis la classe la plus basse jusqu'à la plus haute. A partir de celle-ci, l'enseignement devient personnel, et les exercices doivent être variés en raison des capacités diverses des divers individus.

« Le seul moyen pratique de faire entrer le dessin dans les écoles publiques est d'en confier l'enseignement aux professeurs ordinaires.

« Les éléments de la forme étant un composé d'arithmétique et d'écriture, tout professeur doit très rapidement se trouver en état d'enseigner le dessin, sans même qu'il lui soit besoin d'un goût exceptionnel ou d'une extrême habileté de main. »

Citons encore cette série d'apophthegmes :

I. « Un enfant peut-il apprendre à lire, écrire et compter : — il peut, tout aussi bien, apprendre à dessiner.

II. « Le dessin constitue un des éléments de l'éducation géné-

---

1. Voir dans le rapport sur l'instruction primaire à l'Exposition universelle de Philadelphie, en 1876, les chapitres relatifs à l'enseignement du dessin.
2. Rapport annuel sur le dessin industriel dans l'État de Massachusetts pour l'année 1879.

rale. L'école publique doit l'enseigner. C'est au moins la loi du Massachusetts.

III. « Tout professeur ordinaire peut l'enseigner; pas n'est besoin de spécialistes.

IV. « La fonction vraie du dessin dans l'éducation générale est de développer la perception et d'exercer l'imagination. Conséquemment, il fortifie l'amour de la méthode, tout en suscitant l'originalité.

V. « Le dessin n'est pas chose de luxe. C'est un outil qui facilite l'étude d'autres sujets, tels que la géographie, l'histoire, la mécanique, etc. »

Nous venons de voir la théorie, voyons comment on l'a mise en pratique.

Le système traditionnel des écoles publiques est calculé de manière à embrasser une période de douze années, ainsi divisée :
École primaire. — *Primary-school*, trois ans.
École de grammaire. — *Grammar-school*, six ans.
École supérieure. — *High-school*, trois ans.

C'est dans ce cadre tout fait qu'il s'agissait d'introduire l'enseignement du dessin. Tous les autres exercices étant rigoureusement déterminés, le nouveau problème était hérissé de difficultés complexes qui donnèrent à M. W. Smith l'occasion d'exercer son remarquable talent d'organisateur (1).

Au lieu de tenir pour imperfectible son plan primitif, il s'est ingénié pour l'améliorer peu à peu, au fur et à mesure que la pratique le renseignait plus exactement sur la valeur des procédés.

En ce moment, il achève la publication de cahiers de modèles et de manuels, bases de sa méthode, qui comportent tous les développements, toutes les améliorations que huit années d'expérience continue ont suggérés à leur auteur. Nous ne saurions mieux faire que d'en donner une description rapide.

---

1. Boston entretient, actuellement, 1045 professeurs pour 60,000 élèves enron répartis dans 173 écoles; et dans ce nombre, 5 professeurs seulement ont reconnus incapables d'enseigner le dessin dans leurs classes respecves.

Un Cours primaire ainsi composé :

Deux séries de planches, contenant des modèles pour le dessin sur ardoise, à l'usage des écoles primaires;

Un manuel des professeurs, contenant les indications nécessaires pour l'enseignement du dessin sur ardoise;

Deux cahiers de modèles pour les classes supérieures des écoles primaires, destinés à fournir aux élèves les premiers éléments pratiques du dessin sur papier; ces cahiers traitent, savoir :

Cahier n° 1. — Des lignes droites et de leurs combinaisons dans les figures simples de la géométrie plane;

Cahier n° 2. — Des simples courbes et de leur application dans les esquisses d'objets simples et dans le dessin d'ornement, ainsi que de l'ellipse et de l'ovale et de leurs applications.

A ces cahiers est annexé un *Manuel du professeur*, donnant les indications nécessaires à l'exécution des exercices qu'ils contiennent.

Un Cours secondaire, composé de douze cahiers de modèles, numérotés de 3 à 14, contenant chacun vingt pages d'exercices progressifs, dessin linéaire et esquisse. La somme de travail représentée par chacun de ces cahiers correspond à la période scolaire, qui est de cinq mois.

Cahier n° 3. — Étude des courbes et de leurs applications dans les diverses figures d'ornement et les objets simples, le pentagone, l'hexagone, et des notions plus avancées sur l'esquisse.

Cahier n° 4. — La spirale et l'octogone, application des figures géométriques aux dessins d'objets, au dessin d'ornement et à l'esquisse.

Cahier n° 5. — Signes conventionnels élémentaires, pratique du dessin géométrique et conventionnel.

Cahier n° 6. — Dessin linéaire, figures dans l'espace, corps solides, conventions admises pour leur représentation par le dessin. Dans ce livre, l'étude pratique commence par le tracé d'un cône et d'un cylindre tels qu'ils apparaissent, et d'objets simples dont ils sont le principe; introduction à l'étude du dessin d'objets.

Cahier n° 7. — Mêmes traits généraux que dans le cahier n° 6. En outre, quelques éléments du style égyptien.

Cahier n° 8. — Mêmes traits généraux que dans les livres 6 et 7, notions élémentaires sur le dessin de géométrie plane exécuté avec le secours d'instruments, et l'application du dessin géométrique à l'étude de la forme des plantes; quelques exemples de style grec.

Cahier n° 9. — Mêmes traits généraux que dans le livre 8 avec développements. Exemples de style romain.

Cahier n° 10. — Mêmes matières que le livre n° 9, avec développements. Exemples de style byzantin et roman.

Cahier n° 11. — Mêmes matières que dans le n° 10. Exemples de style gothique.

Cahier n° 12. — Mêmes matières que dans le n° 9, avec développements. Exemples de style mauresque.

Cahier n° 13. — Notions de composition et étude des éléments de perspective scientifique et de géométrie. Exemples d'ornements historiques, montrant la relation des différents styles entre eux.

Cahier n° 14. — Mêmes matières que le précédent, plus développées.

Un Cours supérieur. Ce cours se compose de cinq cahiers, numérotés de 15 à 20 inclusivement, embrassant l'étude avancée de la perspective, du dessin ombré au crayon et à l'estompe; l'analyse des formes des plantes au point de vue de la composition.

On comprendra facilement que l'obstacle le plus sérieux rencontré, dès le principe, pour l'application de ce système, fut, comme nous l'avons dit, le défaut de professeurs.

D'où la nécessité de créer des écoles normales d'art ayant pour but immédiat de mettre tous les professeurs des écoles publiques en état de remplir la tâche nouvelle qui allait leur incomber.

La première école de ce genre fut fondée à Boston dès 1873 (1). On n'avait prévu que 35 élèves. Il s'en présenta 107!

Depuis son ouverture l'école en a formé 1,543, dont 201 ont obtenu des diplômes; 113 sont employés comme professeurs non diplômés; 50 continuent leurs études; 9 travaillent comme dessinateurs; 29 n'ont pas laissé de trace.

Ajoutons que sur les 9 professeurs actuellement en fonctions à l'École normale de Boston, 7 sont anciens élèves de l'établissement, de même que 15 professeurs sur les 20 qui forment le personnel

1. Cinq autres ont, depuis cette époque, été établies dans les environs.

enseignant des écoles spéciales de la ville (Cours du jour et du soir).

Les examens pour l'obtention des diplômes (trois degrés) ont lieu une fois par an.

Ils se composent de deux épreuves :

Première épreuve. — Production par l'élève d'une série de travaux faits au dehors suivant un programme déterminé.

Seconde épreuve. — Exécution, dans un temps donné et sous les yeux mêmes des examinateurs, d'une nouvelle série d' « Exercices » correspondant à ceux de la première épreuve.

Voici les programmes afférents aux diplômes de chaque degré :

DIPLÔME DU TROISIÈME DEGRÉ

(École normale)

Première épreuve.

Dessin au compas. — Problèmes géométriques; — de perspective; — dessin de machine, copié ou d'après les notes recueillies au cours; — dessin de construction, copié ou d'après les notes recueillies au cours.

Dessin à main levée. — Deux feuilles de dessins, soit au crayon Conté, soit à la mine de plomb, ombrés d'après le modèle gravé et d'après le solide; — deux feuilles de dessins au lavis, d'après le modèle gravé et d'après le solide; — une feuille de dessin d'ornement élémentaire et de composition; — d'analyse botanique appliquée à l'ornement; — d'analyse des trois différents styles d'ornement au point de vue historique.

Seconde épreuve.

Perspective pratique; — perspective théorique; — dessin d'après le solide, ombré; — harmonie des couleurs; — dessin de mémoire; — ornement historique; — dessin mécanique; — construction.

DIPLÔME DU DEUXIÈME DEGRÉ

(École supérieure)

Première épreuve.

Une feuille de problèmes de géométrie; — perspective; — exercices au tableau et dessin dicté.

Une feuille de dessin d'après le solide, au trait; — d'ornement d'après la gravure, au trait; — d'analyse botanique, au trait; — de dessin d'ornement historique, au trait; — deux compositions d'ornements appliqués aux surfaces planes; — démonstrations graphiques, pour servir à l'enseignement du dessin dans les écoles secondaires.

Seconde épreuve.

Dessin copié, au trait et d'après le solide; — dessin de mémoire et géométrique; — perspective; — ornement historique.

Quarante-cinq minutes sont accordées pour chacun de ces exercices.

DIPLÔME DU TROISIÈME DEGRÉ

(École primaire)

Première épreuve.

Définitions géométriques : plans et solides; — exercices au tableau, d'après la dictée, et éléments de composition.

Une feuille de dessin d'ornement, copié au trait; — d'après le solide; — pour servir d'exercices dans une école primaire; — d'analyse botanique et ornement historique.

Seconde épreuve.

Dessin copié à main levée, au trait; — dessin d'après le solide; — dessin de mémoire, d'ornement; — dessin dicté; — dessin géométrique; — ornement historique.

Trente minutes sont accordées pour chaque exercice.

Après avoir assez longuement parlé de la très importante
« École normale d'Art » de Boston, il nous reste à dire quelques
mots d'une institution similaire quant aux tendances, toute diffé-
rente quant aux moyens d'action.

Bien que l'institution dont il s'agit ne se soit occupée qu'accessoirement du dessin, elle nous paraît néanmoins rentrer dans notre
cadre, à cause de sa conception organique. C'est en effet un curieux
spécimen de ce qu'on peut oser, hors des voies de la routine, en
matière de vulgarisation scientifique.

Cette fondation, demeurée d'ailleurs jusqu'à présent à l'état de
tentative intermittente, n'était autre chose qu'*une École normale
ambulante*.

Au printemps de 1870, on organisa une sorte de Faculté, composée de cinq professeurs choisis parmi les hommes les plus éminents
par leurs connaissances en matière d'enseignement pratique. Cette
Faculté avait pour but de donner l'instruction normale aux maîtres
d'école, dans toutes les parties de l'État. Les professeurs étaient
rétribués par l'État, qui subvenait également à tous leurs frais de
voyage et de séjour.

L'inspecteur de l'instruction publique faisait imprimer un avis,
indiquant l'endroit et l'heure où les maîtres d'école devaient se
réunir pour assister aux cours. On envoyait ces indications par la
poste à chaque aspirant.

Le directeur était chargé des cours sur l'organisation, sur la discipline des écoles, sur toutes les matières s'y rattachant en général,
ainsi que des cours spéciaux de mathématiques, de géographie
physique, de grammaire.

Le professeur en second était chargé de la composition anglaise
et du *dessin élémentaire*.

Le troisième s'occupait de la lecture et de l'orthographe.

Le quatrième, de la tenue des livres et de l'écriture.

Le cinquième, du chant.

Il se faisait aussi des cours sur la botanique, sur l'astronomie, sur
l'entomologie; mais les cours ordinaires étaient consacrés exclusivement à l'enseignement qui doit se donner dans les écoles primaires
et dans les écoles de grammaire. On traitait particulièrement des
différentes méthodes d'enseignement, des moyens d'expliquer des

sujets difficiles et de les rendre intelligibles aux enfants, des procédés à employer et de ceux qui sont à éviter, etc.

Les maîtres et les élèves se réunissaient dans la salle louée à cet effet, à neuf heures précises du matin. Les élèves qui manquaient à l'appel étaient notés comme absents, par suite exclus des avantages spéciaux accordés aux auditeurs assidus, — brevets d'aptitude, jetons de voyage, etc.

Les cours duraient une heure, traitant successivement de toutes les matières enseignées dans les écoles où exerçaient les auditeurs, depuis l'enseignement primaire jusqu'à l'enseignement supérieur. On recourait fréquemment au tableau noir pour les démonstrations.

On exigeait des maîtres-élèves qu'ils fissent des notes sur les cours et un travail sur un sujet spécial quelconque, soit sur place, soit au dehors, au gré des professeurs. De temps à autre on réunissait, pour les examiner, ces différents travaux. On les renvoyait ensuite aux élèves, avec les commentaires, additions et corrections diverses.

Les auditeurs exprimaient le désir de faire des questions, en levant la main, et ne parlaient que sur un signe du professeur. Dans toute leur tenue ils observaient l'ordre et la discipline qui doivent régner dans une classe bien dirigée. Il était interdit de troubler les cours par aucun bruit, par aucune causerie. La séance se terminait à midi, pour reprendre à une heure trente ou à deux heures ; elle prenait fin à quatre heures du soir.

Des séances avaient lieu le soir, de sept heures trente à dix heures.

Là s'engageaient des débats et se faisaient des conférences sur des sujets spéciaux.

Ces séances devaient être une distraction autant qu'une œuvre d'instruction ; aussi invitait-on le public à y assister et l'on y faisait parfois un peu de musique.

Toute personne ayant l'intention d'obtenir le brevet d'instituteur, et remplissant les conditions d'âge et de moralité voulues, pouvait se faire inscrire sur le registre de la Faculté. Toute personne s'intéressant à la question de l'enseignement avait accès aux places laissées inoccupées par les élèves.

Les sujets de conférences étaient choisis par le directeur de la Faculté et confiés à des professeurs, à des publicistes, à des ecclésiastiques, etc., dont les services étaient généralement gratuits.

Le papier, les crayons, les livres, etc., étaient fournis par l'État.

Les élèves-professeurs n'avaient à payer que la moitié de leurs frais de voyage, à prix réduits, convenus entre les inspecteurs de l'instruction publique et les compagnies de chemins de fer.

Un registre contenait les noms et adresses des élèves, le nombre de séances auxquelles ils avaient assisté, le degré de leur brevet, etc.

Les sessions duraient de dix à trente jours, et se terminaient par deux jours d'examen.

MUSEUM AND SCHOOL OF FINE ARTS

MUSÉE ET ÉCOLE DES BEAUX-ARTS

Ce splendide monument, commencé en 1875 à l'aide d'une sous-cription, a été continué, dans les mêmes conditions, grâce aux ressources fournies par le public.

Le total des dépenses s'élève actuellement à près de deux millions de francs, et tout n'est pas achevé. Construit presque entièrement en briques, l'édifice a été conçu dans le style gothique italien. La façade est ornée de bas-reliefs et de médaillons en terre cuite.

Le fronton de l'entrée principale s'appuie sur des colonnes de granit poli d'un bel aspect décoratif.

Le premier étage appartient à la sculpture méthodiquement classée par époques, depuis les figurines de Tanagra jusqu'aux productions modernes.

Là se trouve une des plus belles collections de moulages qui soient aux États-Unis. On y voit l'Hermès et le Dionysios enfant, de Praxitèle, récemment découvert à Olympia; l'Amazone de la villa Albani; quelques sarcophages du Vatican; un des grands bas-reliefs de l'arc de Titus et quantité de stèles et de fragments qui sont absents des grandes collections de Paris et de Berlin.

Au-dessus de la sculpture on a réuni tout ce qui touche aux arts

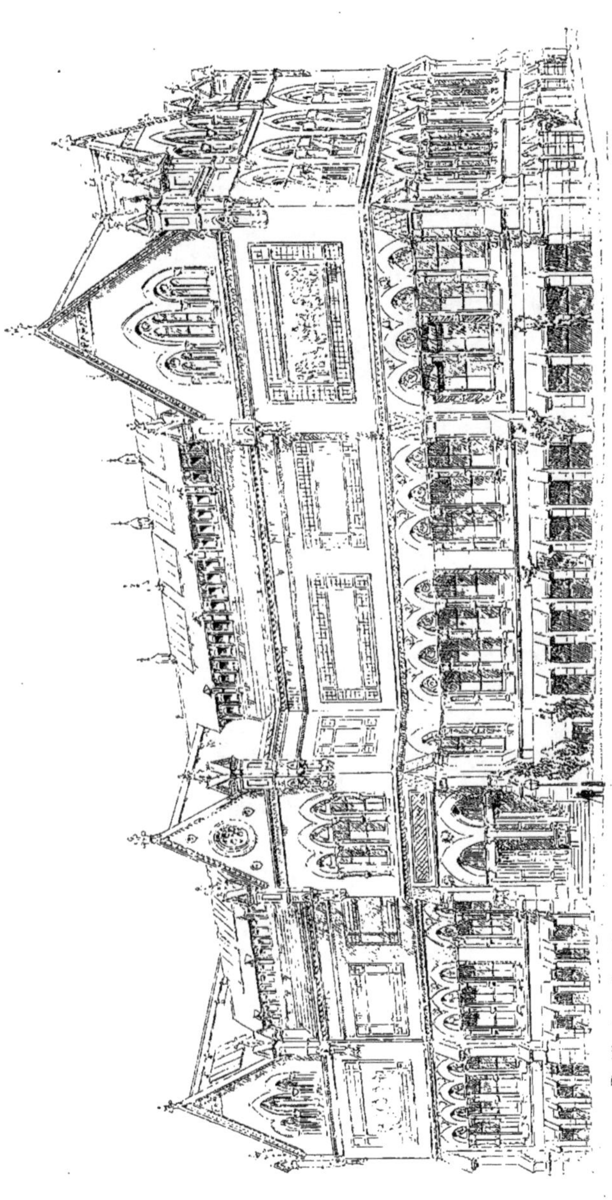

LA FAÇADE DE L'ÉCOLE DES BEAUX-ARTS

industriels anciens et contemporains : armes, étoffes, meubles, céramique, etc.

VUE INTÉRIEURE

Dans ce pittoresque ensemble, on remarque les belles faïences de M. Low, le potier de Chelsea, un des faubourgs de Boston, et les inimitables tapisseries de Mme Holmer. A l'aide de brins de laine et de soie qui courent à longues aiguillées sur un fond de taffetas où ils s'entre-croisent, se superposent et s'enchevêtrent avec un art exquis, cette artiste a *peint* des paysages étonnants de vérité, de charme et de poésie. Sans doute on devine, au choix des motifs et à la nature du procédé, que le Japon n'est pas

ATELIER DE SCULPTURE

complètement étranger à la création de ces tableaux « au grand point », mais nous ne croyons pas qu'il ait jamais rien inspiré de plus franchement original.

La galerie des tableaux qui avoisine les collections précédentes comprend environ deux cents œuvres, dont tout ce qui n'est pas la

WILLIAM H. HUNT

propriété même de l'établissement est emprunté, soit à l'Atheneum, association littéraire, dont la création remonte à 1820, soit à des particuliers.

Les classes et ateliers de dessin et de peinture occupent tout le rez-de-chaussée et une partie des combles.

Une centaine d'élèves les fréquentent.

L'ouverture de cette école ne date que de l'hiver de 1876.

On sait quelle intolérance règne à Boston en matière religieuse. L'observation du repos du dimanche, notamment, y est l'objet d'un absolu rigorisme. Quoi qu'il en soit, le Museum, dès la deuxième année de sa fondation, décida que, ce jour-là, ses portes seraient ouvertes gratuitement au public.

Or, le nombre des visiteurs, qui en 1876 ne dépassait pas 38,698, s'éleva dès l'année suivante à 158,446 !

Cette institution comptait parmi les membres de son comité d'organisation W. Hunt, de tous les peintres américains celui qui fut le plus *artiste* assurément ; il venait à peine d'achever ses belles peintures décoratives du capitole d'Albany lorsqu'il mourut accidentellement en 1879. Élève de Couture et grand admirateur de Millet, dont il introduisit les premiers tableaux en Amérique, son œuvre est considérable, et on a pu juger de sa valeur d'ensemble à l'exposition qu'on en fit au Museum. Par le nombre des visiteurs et l'éclat du succès, cette exposition posthume prit le caractère d'une véritable manifestation artistique. Elle était bien due à ce vrai peintre, dont le vigoureux talent n'a pas eu de son vivant tout le succès qu'il méritait.

MASSACHUSETTS INSTITUTE OF TECHNOLOGY

INSTITUT TECHNOLOGIQUE DE L'ÉTAT DE MASSACHUSETTS

Cette institution date de 1861. Elle comprend un musée et une école d'art et de science industrielle.

Le but que se propose l'Institut est d'aider au développement des sciences dans leurs rapports avec l'art, l'agriculture, l'industrie, le commerce et aussi, ce qui semble plus inattendu, avec la tactique militaire.

En outre, une société spéciale s'y est formée pour la propagation des sciences pratiques; elle convoque les inventeurs à ses réunions et leur fournit l'occasion de discuter les principes et les applications de leurs théories, de leurs découvertes, de leurs machines, avec des hommes d'une compétence reconnue.

La Société ne décerne aucune approbation officielle, mais des comités spéciaux sont chargés de rendre compte des travaux qui lui sont présentés.

Signalons encore les laboratoires de chimie et les ateliers où l'on travaille le bois et le fer, deux créations récentes d'une importance capitale au point de vue pratique.

Telle est l'organisation d'ensemble de l'Institut de technologie. Nous n'avons ici à examiner en détail que les parties consacrées à l'architecture et au dessin.

ÉCOLE D'ARCHITECTURE

M. Warc, le savant architecte, avait fait en Europe un voyage de deux années environ, étudiant les écoles, conversant avec les maîtres, discutant les théories pédagogiques, recueillant des chiffres, comparant les méthodes. Au retour, en 1868, il installa l'École d'ar-

VUE DE L'INSTITUT TECHNOLOGIQUE

chitecture. Les moulages et photographies de dessins et d'autres objets relatifs à l'instruction par lui rapportés, ont formé le noyau d'une collection qui comporte aujourd'hui plus de 4,000 pièces.

L'admission à l'école, dont la pension annuelle est de mille francs, n'est prononcée qu'après examen.

Le plan d'études embrasse une période de quatre années, dont le programme est établi comme suit :

Première année. — Algèbre, géométrie, trigonométrie, chimie, anglais, français, géométrie descriptive, mécanique, dessin d'imitation, physiologie, hygiène, tactique militaire.

Deuxième année. — Géométrie analytique, physique, allemand, littérature anglaise, science militaire, éléments et histoire de l'architecture, composition.

Troisième et quatrième années. — Mécanique appliquée, matériaux de construction, manipulation de physique, économie politique, allemand, histoire de l'architecture, plans et devis, stéréotomie, théorie de l'architecture, programmes de composition, architecture.

EMPLOI DE QUATRE COLONNES

Voici pour exemple deux de ces programmes donnés en 1874 :

Un riche amateur d'art possède quatre colonnes de marbre qu'il désire utiliser pour l'érection d'un petit édifice. Comme ces colonnes peuvent également bien entrer dans la composition d'un grand nombre de petits édifices, chaque élève est laissé libre de choisir le sujet de sa composition : fontaine, puits, portique, tombeau ou toute autre construction quelconque.

Ces colonnes sont considérées comme ayant 12 pieds de long, non compris la base et le chapiteau, qui sont à fournir.

On demande : le plan et l'élévation, tous deux à l'échelle de un quart de pouce au pied (mesures américaines), rendus au pinceau.

ESQUISSE (3ᵉ, ANNÉE)

Nous supposons que la partie de terrain longeant l'Institut et adjacent au bâtiment actuel nous ait été cédée et que notre conseil soit appelé à décider quelle construction il conviendrait d'y élever. On demande aux élèves de fournir un projet embrassant les points suivants, avec telles additions que leur observation et leur expérience pourront leur suggérer.

1° Une salle d'entrée ;

2° Escaliers appropriés ;

3° Salle de conférences publiques pouvant contenir environ deux cents personnes assises ;

4° Un musée de moulages, accessible au public ;

5° Un musée de matériaux et modèles de construction ;

6° Deux petites salles de conférences pour cent étudiants chacune, consacrées, l'une à l'histoire et au dessin, l'autre à la construction;

7° Une ou plusieurs salles, bibliothèque ou amphithéâtre;

8° Un ou plusieurs ateliers d'architecture pour cent élèves;

9° Un atelier de « dessin au crayon » d'après les moulages ou d'après nature, et un atelier de moulages en terre ou en plâtre;

10° Un atelier pour la charpente, la maçonnerie, la peinture, la serrurerie, etc.;

11° Un atelier de charpentier;

12° Quatre chambres particulières : deux petites, deux grandes;

13° Dispositions appropriées aux water-closets, cabinets de toilette, etc.;

14° Ascenseur, système de ventilation.

Le bâtiment, qui doit être construit en briques et pierres, aura deux étages, chacun de 15 pieds de hauteur, avec un rez-de-chaussée où l'on pourra placer quelques-unes des salles demandées. On désire que la construction couvre environ 6,000 pieds carrés et que sur aucune dimension il n'excède 110 pieds. Les salles de conférences donneront 6 ou 8 pieds carrés par auditeur. Deux plans, deux élévations, rendus à l'encre de chine, échelle de un seizième de pouce au pied.

ÉCOLE DE DESSIN INDUSTRIEL.

Ici, les étoffes imprimées, les cotonnades, les genres chaîne coton, laine, draps, casimir fantaisie, ainsi que les tapis de Bruxelles, les lainages ordinaires, sont l'objet d'une étude spéciale.

L'école est défrayée par des manufacturiers de la localité.

Des métiers ont été mis à la disposition des élèves non seulement pour qu'ils deviennent des tisserands, mais surtout pour qu'ils puissent eux-mêmes exécuter les dessins dont ils ont fait les modèles.

Un Français, M. Ch. Kastner, est, depuis la fondation, à la tête de cette école, dont l'existence est due à l'initiative privée des manufacturiers de Boston.

Inaugurée en 1872, l'institution comptait l'année dernière trente-quatre élèves.

L'admission y est gratuite.

Nous avons dit plus haut qu'entre autres genres d'études, on s'occupait, à l'Institut technologique, de « science militaire et de tac-

CAMPEMENT DES ÉLÈVES DE L'INSTITUT TECHNOLOGIQUE À PHILADELPHIE, EN 1876.

tique ». — Ce ne serait certes pas là un des côtés les moins intéressants de l'œuvre à observer.

Mais si nous n'avons pas à nous en occuper ici, du moins pouvons-nous rappeler une manifestation due à ce « département » de l'Institut et qui, d'ailleurs, intéresse toutes les branches de l'enseignement : nous voulons parler de l'excursion des classes à l'Exposition universelle de Philadelphie (1876).

Organisés militairement, trois cents élèves environ partirent pour la métropole de la Pensylvanie.

Pendant une quinzaine de jours, le bataillon campa sur un terrain gracieusement offert par l'Université, qui mit également à la disposition des Bostoniens un réfectoire attenant pour ainsi dire au camp.

Toute autorité était exclusivement dévolue aux chefs militaires; ils avaient pleins pouvoirs partout, sauf dans l'enceinte de l'Exposition.

Là, les divers professeurs reprenaient leurs droits; c'est eux qui dirigeaient les « classes » à travers les galeries, faisant tourner ces visites au plus grand profit de l'instruction des jeunes visiteurs.

Donc on travailla beaucoup. En revanche, les distractions ne manquaient pas. Chaque soir, la salle de réfection se transformait en salle de concert.

Les dames y étaient admises, si bien qu'au lieu d'être abandonné, le soir, aux seuls hommes de garde, le camp conservait toute sa joyeuse animation. On alla même jusqu'à donner un grand bal avec illuminations, feux d'artifices, etc. Douze cents personnes se rendirent à l'invitation des Bostoniens.

En résumé, l'expédition eut, sous tous les rapports, le plus grand succès. L'Institut de technologie est très fier de ce souvenir, et c'est à bon droit. Un pareil voyage était évidemment, au point de vue de l'enseignement pratique, d'un haut intérêt pour les élèves. Combien peu auraient pu en faire isolément les frais! Et ceux qui l'eussent pu, n'étant pas dirigés, n'en auraient rapporté qu'un très mince profit.

L'ingénieuse organisation adoptée avait donc eu un triple avantage :

Au point de vue matériel, elle avait mis le voyage à la portée de toutes les bourses, en diminuant considérablement, grâce au concours de tous, les dépenses de chacun;

Au point de vue intellectuel, elle avait transformé chaque visite collective à l'Exposition, sous la conduite des professeurs, en un véritable cours pratique;

Au point de vue moral enfin, elle avait maintenu les élèves dans leur milieu ordinaire, en leur amenant au camp, c'est-à-dire chez eux et, partant, sans danger, tous les plaisirs qu'ils eussent autrement été chercher ailleurs.

NEW-YORK

NEW-YORK

NATIONAL ACADEMY OF DESIGN

L'Académie nationale de dessin

New-York, où quatre expositions de peinture se succèdent chaque année, possède aussi de très riches galeries particulières.

On y compte environ quinze cents élèves artistes des deux sexes, et le nombre des institutions ayant pour objectif la vulgarisation des connaissances artistiques augmente constamment.

La plus ancienne de ces institutions est l'Académie nationale de dessin.

Le bâtiment actuel a été construit en 1860. L'entreprise est entretenue à l'aide des revenus d'un legs de 250,000 fr., fait par M. James A. Suydam.

L'établissement est fréquenté par cent cinquante élèves en moyenne, hommes et femmes. On y décerne chaque année des prix et des médailles pour le dessin et la peinture.

Parmi les peintres qui ont pris part à la dernière exposition annuelle, on remarque les noms suivants : Gilbert Gaul, John Selinger, Eatman Johnson, Lockwood de Forest, Winslow Homer, Douglas Volk, J. Carroll Beckwitts, F. Fulter, etc., toute une pléiade d'artistes, retour d'Europe pour la plupart, et jeunes: la fleur de l'école américaine moderne.

ENTRÉE DE L'ACADÉMIE

L'Académie, dans ces dernières années, a beaucoup perdu de son influence et de son prestige.

Quelques personnes en cherchent la raison dans un défaut d'entente entre le personnel enseignant et, par suite, dans le manque d'unité de vues.

Nous ne nous permettrons pas d'appuyer une allégation dont nous n'avons pas été à même de constater l'exactitude. En revanche, nous croyons pouvoir affirmer que, pour reconquérir un jour la prépondérance qu'on lui refuse, l'Académie devra tout d'abord renoncer à certains errements surannés, rajeunir ses méthodes, et s'assimiler certains procédés d'enseignement qui, quoique récents, ont eu cependant le temps de faire leurs preuves.

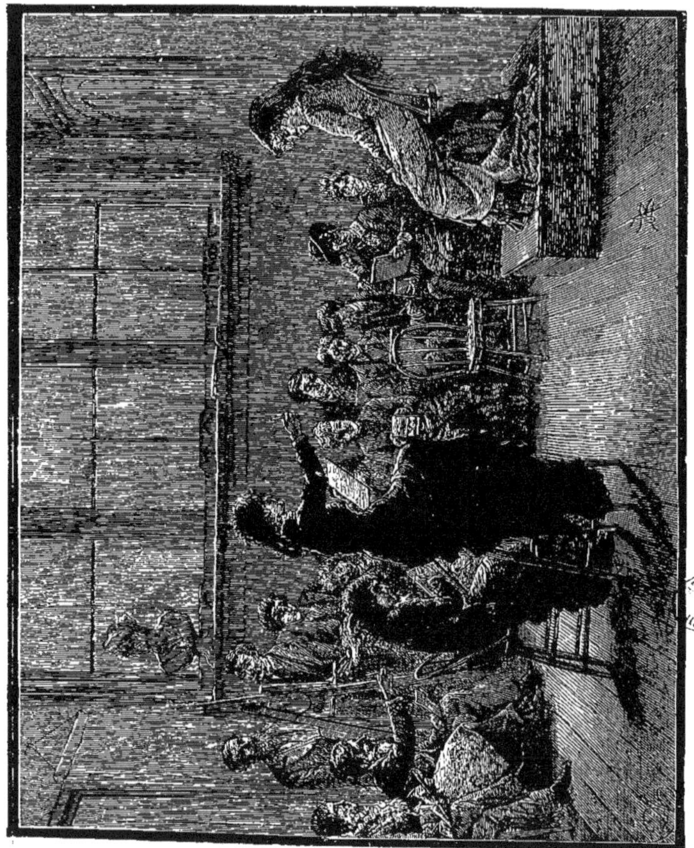

...SSE DE CROQUIS D'APRÈS NATURE
Dessin de miss Jennie Brownscombe.

COOPER UNION

FOR THE ADVANCEMENT OF SCIENCE AND ART

(L'Institut Cooper, pour l'avancement des sciences et des arts.)

« The Cooper Union, dont l'ambition artistique est moins haute que celle de l'Academy of design, met en pratique un principe d'instruction populaire universellement adopté, celui de l'éducation technique et industrielle du peuple.

. . . .

« Croit-on donc qu'une nation, disposant de l'outillage pédagogique nécessaire pour former des artisans habiles, ne pensera, n'agira, ne sentira pas mieux, en matière de justice et de vérité, qu'une nation ne se préoccupant d'exécuter que les programmes de ses collèges? Comme si l'instruction purement classique n'était pas impuissante à tirer les masses des abjections de la pauvreté!

« Ce ne sont pas les écoles de science qui nous préserveront de l'anarchie, ce sont les écoles d'art industriel.

« Que deviendront nos jeunes diplômés? des vagabonds, ou quoi?

« Est-ce la géographie ou la grammaire qui les sauvera de l'intelligence?

« Le premier devoir de l'homme est d'apprendre à gagner sa vie ; cela d'abord, le reste ensuite.

« N'être ni grammairien ni géographe peut être un inconvénient ; n'être pas en état de gagner sa vie mène aux catastrophes.

« Or, les jours sont passés de l'apprentissage facile. Sans cours spéciaux, comment former des mécaniciens pour nos machines à vapeur, ou des opérateurs pour nos appareils télégraphiques ? »

FAC-SIMILÉ D'UNE ÉTUDE D'APRÈS NATURE
par une élève du Cooper Union.

Cet exposé de doctrines, extrait d'un rapport de M. Z. C. Zachor, administrateur actuel du *Cooper Union*, indique clairement dans quelle pensée et pour quels besoins l'établissement a été fondé dès 1857.

Peter Cooper y dépensa, d'une part, pour l'installation générale, une somme de 630,226 fr. ; il consacra, d'autre part, l'intérêt d'un capital de 150,000 fr. pour le développement progressif et régulier d'une bibliothèque qui possède aujourd'hui 15,000 volumes, et reçoit, d'après une récente statistique, 3,000 lecteurs par jour, de huit

NATURE MORTE

Étude peinte par miss Mary E. Cook, élève du Cooper Union.

heures du matin à dix heures du soir pendant les mois d'hiver.

Des programmes de l'enseignement donné à *Cooper Union* nous ne retiendrons que celui du cours de dessin (*Art School*) :

Pour les hommes, le soir. — Dessin copié d'après la bosse, architectural et de mécanique, dessin industriel, modelage, perspective.

En 1879, sur 1,439 élèves, 278 ont obtenu le certificat d'études complètes.

Pour les femmes, le jour. — Dessin, peinture, retouches de photographie, gravure sur bois, cours normal.

L'année dernière, 600 postulantes se sont présentées pour l'admission. La place manquant, on dut se borner à en recevoir 255. — Il a été décerné 159 certificats d'études.

Ces certificats s'appliquent à une ou plusieurs des branches d'étude ci-dessus désignées.

Ajoutons qu'en dehors des cours précités on en fait d'autres le soir sous le titre de *free night school of science,* où l'on enseigne toutes sortes de choses, depuis l'algèbre jusqu'à l'éloquence et la controverse *(oratory and debate).* Notons encore un cours spécial de télégraphie et les conférences du samedi, où des spécialistes traitent les sujets les plus variés.

METROPOLITAN MUSEUM OF ART

MUSÉE MÉTROPOLITAIN D'ART

En 1871, la législature vota — fait unique dans l'histoire de l'État — les crédits nécessaires pour édifier, à l'une des extrémités du parc central, un monument devant servir de musée et de galerie d'art.

Neuf ans après, le 30 mars 1880, le *Metropolitan Museum of Art* ouvrait ses portes au public, en présence du président des États-Unis, M. Hayes.

Quelle fut la pensée des promoteurs de l'œuvre nouvelle?

Pour répondre à cette question, il nous suffira de citer quelques lignes du discours d'inauguration prononcé par un des avocats les plus distingués du pays, le sympathique M. J. H. Choate.

« Nous n'avons pas voulu seulement établir un cabinet de curiosités, où les désœuvrés pourront venir tuer le temps; nous nous sommes proposé surtout de réunir une collection d'objets qui pût servir à la reconstitution de l'histoire de l'art dans toutes ses branches, depuis ses origines jusqu'à nos jours, ainsi qu'à l'instruction du peuple en général et plus particulièrement des travailleurs, ouvriers et étudiants, en mettant sous leurs yeux les résultats artistiques obtenus jusqu'ici.

« Nous versons 150 millions par an aux nations européennes

VUE DU MUSÉE

pour leurs produits d'art, un des besoins impérieux de notre civilisation moderne. Pourquoi continuer à payer ce tribut, alors qu'en instruisant nos ouvriers comme l'Europe a instruit les siens, nous pourrons à cet égard nous suffire à nous-mêmes ? Il est temps,

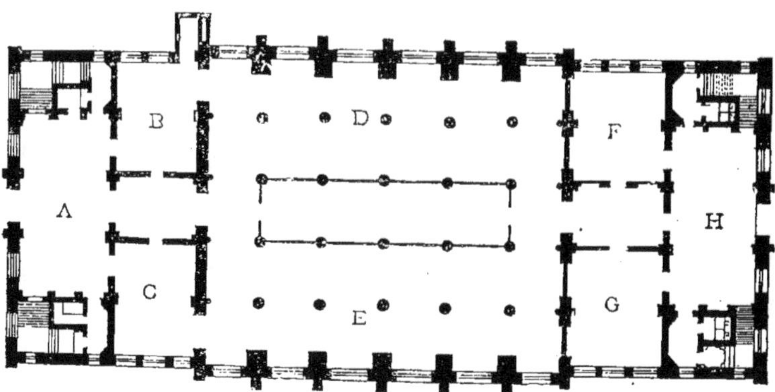

PLAN DU REZ-DE-CHAUSSÉE

A. H. Vestibules. — B. Atelier de réparations. — C. Expositions spéciales. — D. E. Grandes salles d'exposition d'art industriel. — F. Bureau des employés. — G. Bureau du directeur.

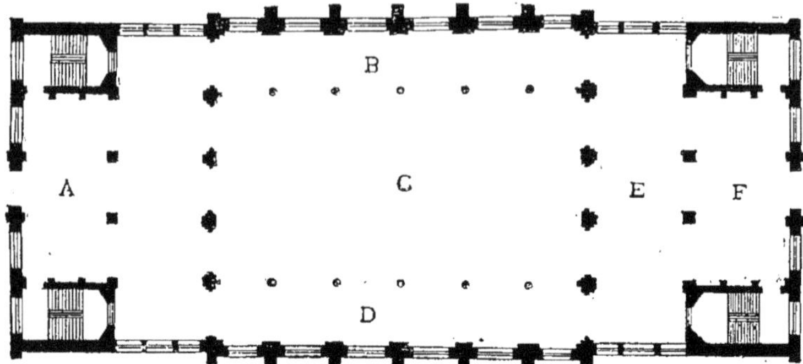

PREMIER ÉTAGE

A. Sculpture moderne. — B. Poteries cypriotes. — C. Collection d'objets d'art prêtés. — D. Bustes cypriotes. — E. Statues et sarcophages cypriotes. — F. Inscriptions et bas-reliefs cypriotes.

ajoute M. Choate, qu'une nation industrieuse et fière réponde à cette question. »

La réponse ne s'est pas fait attendre.

Déjà un capitaliste anonyme de New-York s'est engagé à abandonner la jouissance d'un terrain voisin du Museum, et à y faire construire, de ses deniers, un vaste bâtiment d'un étage, où seront installées des écoles de peinture et de sculpture, sur le modèle de

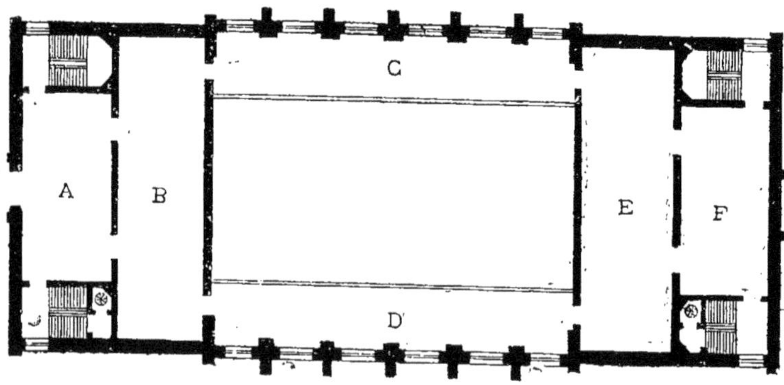

SECOND ÉTAGE

A. B. Peintures modernes prêtées. — C. Objets japonais et chinois. — D. Objets cypriotes en verre, en argent et en or. — Émaux prêtés. — E. F. Vieux tableaux de maîtres prêtés.

celle de South-Kensington, prenant à sa charge, en outre, pendant les trois premières années, tous les frais d'entretien.

Grâce à une générosité si bien entendue, il est probable que cette nouvelle école pourra être ouverte dès l'an prochain.

Dans le monument actuel les ateliers de réparation occupent le rez-de-chaussée; les collections sont réparties dans les deux étages supérieurs.

Un plafond central vitré et de hautes fenêtres, habilement disposées, fournissent autant de lumière qu'on en peut souhaiter.

Quatre jours par semaine l'entrée du musée est gratuite. Mais il reste fermé le dimanche, en raison de scrupules religieux dont le sentiment public commence, d'ailleurs, à faire justice aux États-Unis, puisqu'à Boston, nous l'avons dit, les galeries sont ouvertes tous les jours.

Malgré cette restriction, on n'a pas compté moins de 147,372 visiteurs dans le courant du mois d'ouverture.

Notons, pour finir, un détail intéressant : les *trustees* (membres du comité) ont demandé à leur président, M. Johnston, l'autorisation d'affirmer, par un témoignage public, la singulière estime qu'ils ont pour lui, en faisant faire son portrait à leurs frais, pour le placer dans le Museum. Et la motion a été acceptée. Jusqu'ici, rien de bien extraordinaire; mais le piquant, le voici : la demande spécifiait expressément que l'œuvre serait confiée à un maître de l'école française, au choix du modèle, et naturellement cette clause n'a pas été sans soulever de vives récriminations dans le clan des artistes indigènes.

ART STUDENT LEAGUE

LIGUE DES ÉTUDIANTS EN ART

En 1875, l'Académie de dessin de New-York fermait ses portes, par suite d'embarras financiers. Parmi les 210 élèves dont les études se trouvaient interrompues par cette fermeture, un groupe se forma qui devint le noyau d'une école nouvelle.

On s'établit dans un local quelconque et l'on se remit au travail sous la direction d'un professeur, M. Shirlaw, choisi par les fondateurs.

Basée sur les principes de la coopération, l'association comptait, dès la deuxième année d'exercice, 125 adhérents des deux sexes. L'excédent de recettes, fin 1879, s'est élevé à 9,000 francs. La situation est donc des plus prospères.

On travaille huit mois de l'année.

Beaucoup de temps est consacré à l'étude de la composition peinte et dessinée d'après nature, sous la direction de M. Shirlaw.

D'autres artistes américains, de talent éprouvé, comptent parmi les professeurs; le portrait peint et dessiné est enseigné par M. W. Chase; le dessin d'après l'antique par M. Beckwith; la perspective par M. Pielman. Enfin, un excellent cours d'anatomie et de mode-lage est fait par M. T. S. Hartley.

Des soirées très suivies ont lieu tous les mois. On y expose, à côté des travaux d'élèves, des œuvres d'art, empruntées au dehors.

Le secrétaire de l'association, M. Frank Waller, a visité les écoles d'art d'Europe et d'Amérique pour le compte de l'*Art student league*. Nous relevons dans le rapport qu'il a publié à ce propos, les aperçus suivants :

« Le dessin de mémoire est le chemin le plus sûr pour atteindre au développement de la personnalité et au sentiment du beau.

« Il y a une fâcheuse tendance à donner en art une trop grande importance au métier; c'est prendre les moyens pour la fin. »

Ainsi se trouve nettement défini, en quatre lignes, l'esprit qui anime les membres de l'*Art student league*.

THE TILE CLUB

LE CLUB DE LA TUILE

Sous ce titre s'est groupée une Société de peintres et de musiciens, — ceux-ci en minorité, — aujourd'hui très florissante, et à laquelle le caractère et le talent de ses membres donnent un intérêt tout particulier.

Disons, tout d'abord, que ce club original qui date de 1867 a su se passer jusqu'à ce jour, de statuts et de président.

Les membres convinrent de se réunir, pour travailler chez chacun d'eux à tour de rôle. On décida, comme corollaire, que le maître de l'atelier où la réunion

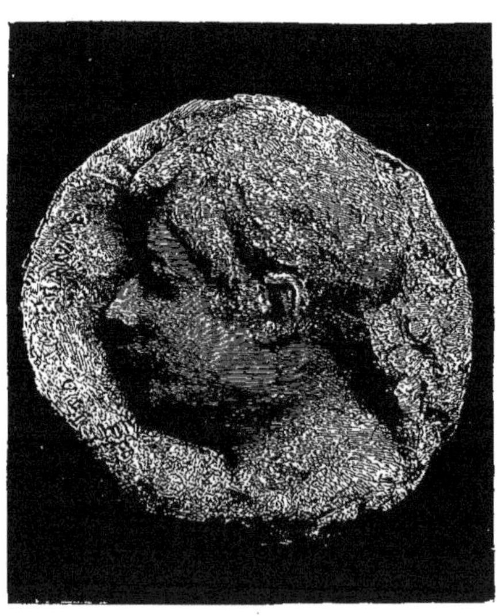

MÉDAILLON EN TERRE CUITE. — TILE CLUB

aurait lieu fournirait les plaques, les brosses, l'essence de térébenthine, les pipes et la bière indispensables pour la séance, et qu'en revanche, tout ce qui y serait exécuté par ses co-associés resterait sa propriété person-nelle.

A peine organisé, le *Tile Club* devint à la mode. Les *maga-zines* et les journaux illustrés publièrent, à propos de l'excen-trique fondation, ar-ticles sur articles. C'était à qui repro-duirait en gravure des échantillons va-riés du talent, d'ail-leurs remarquable, des affiliés.

Ceux-ci, de leur côté, n'ont pas perdu une occasion de res-serrer les liens qui les unissent entre eux. A l'époque des vacances, le Club s'en va faire des ex-cursions collectives à la campagne. C'est ainsi que, l'an der-nier, il prit en lo-cation un bateau sur lequel on re-

« *Il ne faut pas se fier aux apparences.* »
Croquis d'un membre du Tile Club.

monta l'Hudson jusqu'à Troy, pour de là pousser jusqu'au lac Champlin.

THE NEW YORK LADIES ART ASSOCIATION

ASSOCIATION ARTISTIQUE DES DAMES DE NEW-YORK

Cette Société a été fondée, en 1867, par une artiste américaine, Mme Mary Pope, assistée dans le travail d'organisation par M. Henry Gray. L'institution s'est donné pour programme l'enseignement du dessin et de la peinture d'après nature : figure et paysage. On s'y occupe, en outre, de l'art industriel dans toutes ses applications.

Notons ces deux particularités des statuts : les membres de l'association reçoivent des secours en cas de maladie; quelques-unes peuvent être envoyées en Europe, en tournée d'études, aux frais de la Société; mais celles-là doivent prendre, avant le départ, l'engagement écrit de lui consacrer au retour un certain nombre de leçons pendant une période de deux années.

D'ailleurs, nous ne croyons pas qu'il y ait au monde une ville où, plus qu'à New-York, l'éducation artistique soit rendue si accessible aux femmes.

Nous avons dit, d'autre part, combien y étaient nombreux les clubs, les sociétés et les écoles artistiques; mais l'étude détaillée de chacune de ces organisations, qui toutes ont leurs mérites et leur caractère particulier, nous entraînerait un peu loin, et l'enseignement que nous en pourrions tirer ne présenterait guère qu'un intérêt de curiosité. Contentons-nous donc de mentionner :

FAC-SIMILÉ D'UNE EAU-FORTE DE M. CHURCH
(Etching Club).

The New York Etching Club. — Le club des aquafortistes de New-York.

The Decorative Art Society. — La société de l'art décoratif.

The Salmigundi Sketch Club. — Le salmigondis, club des croquis.

The Watercolor Society. — Société des aquarellistes.

The Society of American Artists. — La société des artistes américains, etc., etc.

PHILADELPHIE

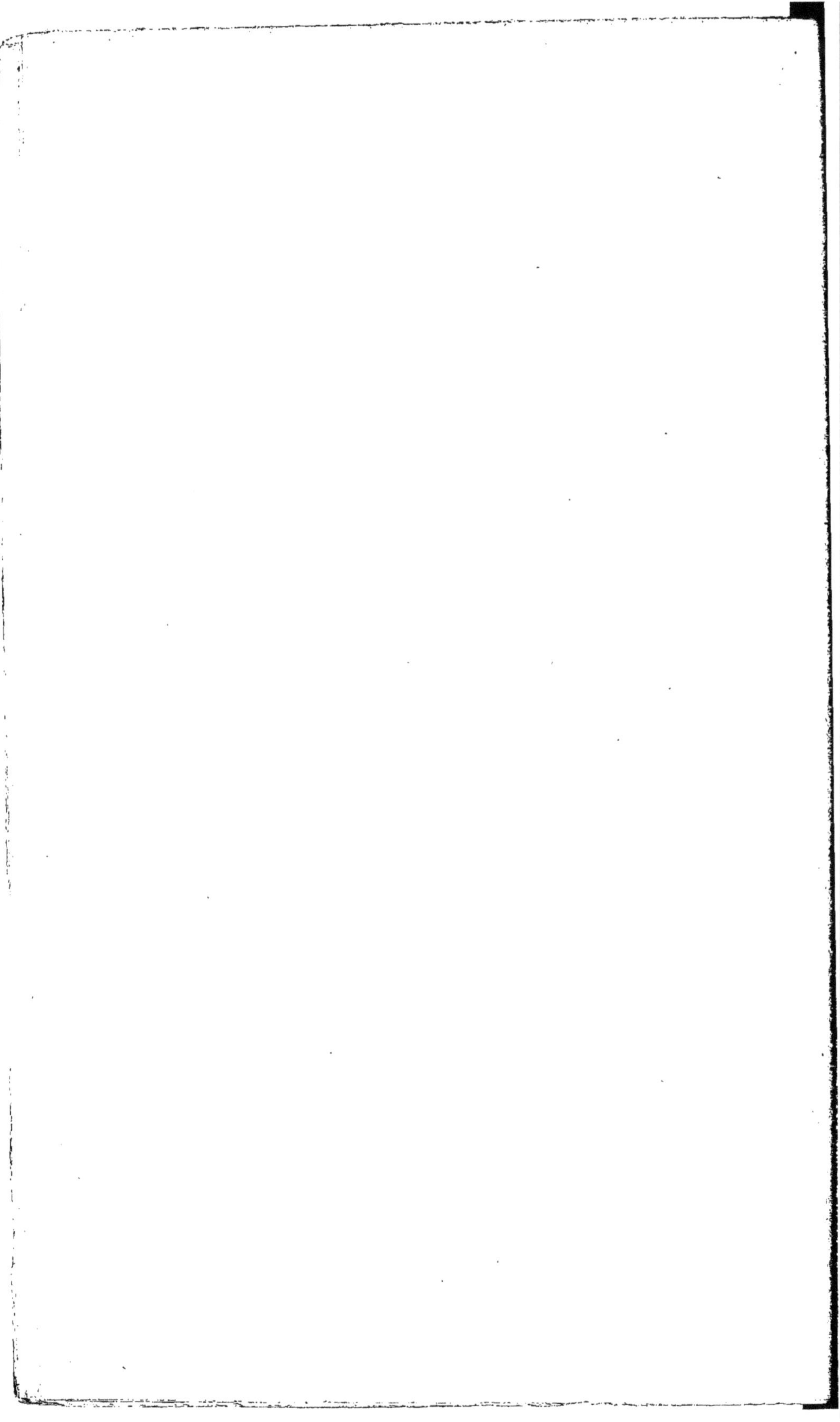

PHILADELPHIE

PENNSYLVANIA ACADEMY OF FINE ARTS

ACADÉMIE DES BEAUX-ARTS DE PHILADELPHIE

Vers la fin du siècle dernier, on vit pour la première fois se fonder en Amérique quelque chose qui ressemblait à une collection et à une école d'art.

Trois hommes en étaient les promoteurs : Ch. Wilson Peale, capitaine de volontaires pendant la guerre de l'Indépendance, puis membre de la législature; sellier, horloger, orfèvre, peintre, modeleur, graveur, taxidermiste, dentiste, tout cela à la fois; — et Giuseppe Cerrachi, *the liberty mad sculptor from Rome,* « le sculpteur romain fou de liberté »; celui-là même qui fut plus tard condamné à mort, pour avoir trempé dans un complot contre la vie de Napoléon Ier.

Alors, les temps étaient rudes pour l'art au berceau. On raconte que Peale, ne trouvant personne qui voulût poser le nu, s'offrit lui-même pour modèle à ses élèves; détail touchant. — Aujourd'hui même, le modèle femme prend encore un masque pour poser. Ce n'est pas pour rien que l'ancienne capitale des États-Unis se nomme *the quaker city*.

LE MODÈLE MASQUÉ

On ne s'étonnera guère, au reste, de ces pudeurs, si l'on se souvient que les autorités de la ville ayant reçu, à titre gracieux, une copie de la Vénus de Médicis, s'empressèrent de la condamner à la réclusion comme portant atteinte à la morale publique. Elle fut mise au secret dans nous ne savons quelle cave, où elle demeura enfouie depuis 1783 jusque vers 1805.

C'est à cette époque qu'une réunion d'hommes éminents, avocats pour la plupart, fondèrent « l'Académie de Philadelphie ». Dans le comité, où Georges Clymer était président, nous retrouvons naturellement ce Wilson Peale qui, par sa vaillante initiative, avait tant fait pour préparer la nouvelle création; il avait alors soixante-quatre ans.

Érigé en 1806, l'ancien bâtiment de l'Académie fut incendié en 1845, reconstruit la même année, et démoli en 1870 pour être réédifié dans de tout autres conditions. C'est en 1876 seulement qu'on put inaugurer l'édifice actuel.

Mais pendant ces six années, les études ne furent pas abandonnées. La collection de moulages, d'après les spécimens de l'antique qui sont au Louvre, fut, à la vérité, reléguée dans un espace trop étroit ; mais elle resta du moins à la disposition des élèves de bonne volonté, qui, se groupant, fondèrent le *Sketch Club*.

A cette collection se rattache le souvenir du sculpteur Houdon, qui en avait fourni une partie.

On sait que le grand artiste français, qui passa quelque temps dans l'intimité de Washington, a laissé de l'illustre général, outre un très beau buste, une superbe statue, dont l'original se trouve à Richmond et qui vaut bien une digression.

Washington est représenté dans une attitude un peu hautaine ; la main appuyée sur sa

STATUE DE WASHINGTON,
par Houdon.

longue canne de petit gentilhomme, le bras gauche reposant sur un faisceau de lances où s'accroche l'épée du capitaine. Il n'a pas quitté les éperons ; derrière lui une charrue. Qu'on voie là le Cincinnatus, calme après la victoire, également prêt, soit à remonter à cheval, soit à retourner en son domaine de Mount-Vernon, ou bien le « père de la patrie » qui sut conquérir pour son pays l'indépendance, « mère de l'abondance et de la sécurité », l'œuvre est à coup sûr d'une exécution superbe, et il est bien à regretter qu'elle soit si peu connue en France.

C'est à « l'Académie » que Philadelphie doit d'avoir régulièrement, depuis 1811, une Exposition annuelle des Beaux-Arts.

Parmi les noms des artistes dont les œuvres y ont figuré, notons ceux de West et de Stuart, à propos de qui deux petits faits particuliers nous reviennent en mémoire.

West peignit un portrait de Byron en Italie, vers 1822.
Certains contemporains ne craignirent pas de déclarer que c'était une effroyable caricature. Néanmoins le tableau, gravé en Angleterre, est resté pendant bien des années la seule image du poète que ses fidèles pussent offrir à la vénération de ses contemporains.

Stuart fut moins rudement traité. A propos d'un de ses portraits, celui d'un simple bourgeois de Boston, on a pu lire cette profession de foi d'un critique :
« Que je m'avance un peu trop, et fasse par là montre d'ignorance, c'est possible, mais voici mon opinion : je connais depuis longtemps Rembrandt, Rubens, Van Dyck et Titien : or je n'avais jusqu'à ce jour rien vu qui approchât de l'œuvre de Stuart. »
Il s'en trouve un autre qui, plus hardi, s'empresse de renchérir :
« Titien, Van Dyck, Rubens et Rembrandt réunis n'égalent pas Stuart! »

Un dernier trait qui se rattache à l'histoire intime de l'Académie :
Vers 1829, l'établissement se vit en possession d'une copie en marbre des « Trois Grâces » quelque peu mutilée. Aussitôt, le plus gravement du monde, une souscription fut ouverte pour subvenir aux frais de réfection des membres amputés.
On réunit une somme de 750 francs. La chronique ne dit pas le nom de l'empirique qui fut chargé de la restauration.

Pendant deux tiers de siècle la *Pennsylvania Academy of fine arts* végéta obscurément. Ce ne fut guère que sous la direction d'un ancien élève de Paul Delaroche, Christian Schussele, qu'elle commença à vivre d'une vie sérieuse et féconde. C'était en 1868.

Il y eut d'ailleurs à cette époque, aux États-Unis, comme un réveil de l'esprit public. Est-ce à l'influence de l'Exposition universelle de 1867 qu'il faut l'attribuer? Pourquoi non, s'il est de toute certitude que, de son côté, l'Angleterre doit à celles de 1851 et 1862 la renaissance artistique, dont l'école de Kensington est l'expression la plus complète?

Au reste, en matière de beaux-arts, l'influence décisive des grandes expositions internationales est absolument incontestable. Celle de Philadelphie en 1876, par exemple, n'a-t-elle pas donné à toutes les branches de l'art américain une impulsion nouvelle, d'une irrésistible puissance? Ainsi, entre autres choses, on y fut frappé d'admiration à la fois et de surprise devant les envois du Japon.

L'enthousiasme des esprits délicats, fascinés par le charme pénétrant de cet art, à la fois si simple et si fécond, gagna bientôt les esprits pratiques, éblouis par les bénéfices qu'obtinrent les exposants.

En fait, les Japonais vendirent tout ce qu'ils avaient apporté, jusqu'aux objets les plus ordinaires servant à leur usage journalier. Et le positivisme américain trouva, dans cet éclatant succès financier, l'indication d'un champ nouveau ouvert par l'art à la richesse du pays.

Depuis cette époque, et pour ces causes, l'esthétique japonaise dont l'influence s'était déjà imposée à l'Europe entière, a pris pleine possession de l'Amérique. On en retrouve aujourd'hui la marque dans tout ce qui relève de l'art industriel : meubles, papiers peints, dessins, étoffes, sans parler de mille menus objets d'usage courant qu'on n'y fabriquait guère avant 1876.

Revenons à l'Académie.

Les bâtiments actuels, très spacieux, offrent à l'étude les plus grandes facilités matérielles. En entrant par Broad-Street, on se trouve, au rez-de-chaussée, dans la salle des antiques, où la lumière tombe abondante du plafond; à gauche, le Gladiateur mourant; à droite, la Vénus de Milo et le Discobole; puis la foule des autres statues dominant l'indispensable série des bosses, à l'usage des commençants. Plus loin, se trouve un atelier dont les murailles sont tapissées avec la belle collection des photographies de Braün, d'après les vieux maîtres. C'est là que se tiennent les séances du *Cooperatif Sketch Club* « Club coopératif du croquis », où chaque élève, à son tour, pose pour ses camarades.

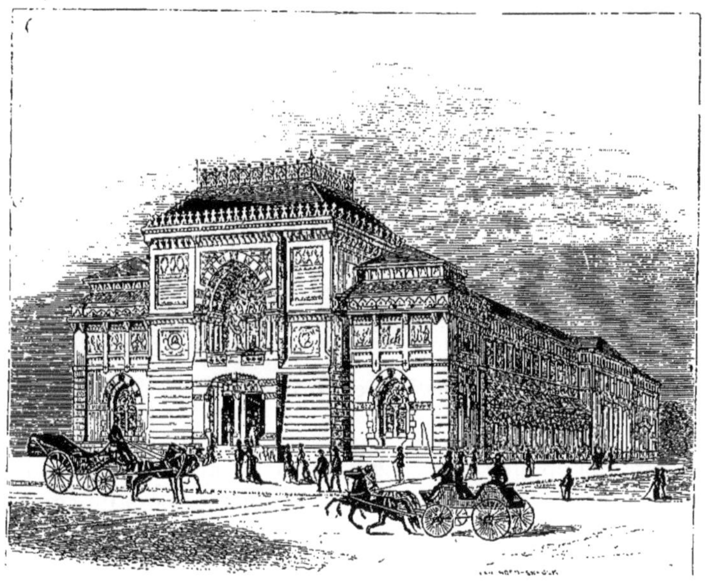

VUE DE L'ACADÉMIE

Ailleurs est placée la classe du « modèle vivant » de profession : c'est, dit-on, la plus grande des salles affectées, aux États-Unis, à cet usage. Il suffit, pour s'y faire admettre, de présenter un dessin d'après l'antique, exécuté d'une façon suffisante. Les hommes et les femmes y travaillent à des heures différentes.

Le directeur actuel de *Pennsylvania Academy of fine arts* est un jeune peintre américain, M. Th. Eaken, qui, comme la plupart de ses compatriotes artistes, a fait ses études en Europe. Il en a rapporté des vues nouvelles, dont l'influence heureuse sur le développement de l'institution qu'il gouverne, est déjà très sensible.

Une des particularités de son enseignement se trouve développée dans les lignes suivantes; c'est le professeur qui parle :

« La brosse est un outil plus puissant et plus rapide que la pointe ou l'estompe, qu'il faudrait délaisser pour le fusain, n'étaient sa lourdeur et son peu de consistance.

« Le trait n'existe pas dans la nature, tout se trouve dans la masse, dans la construction générale, à laquelle le détail doit s'assimiler spontanément.

« Dans une figure, le plus *certain*, le moins important et le plus difficile à obtenir tout ensemble, c'est le contour.

« On dit que les beautés de la couleur peuvent éblouir l'élève au point de lui faire négliger la forme. Ce n'est pas mon avis. Je n'ai jamais constaté cet accident que chez ceux qui, en se mettant à peindre, s'imaginaient être maîtres de leur dessin.

« L'élève doit apprendre à mettre d'ensemble sa figure rapidement, puis à finir chacune des parties autant qu'il voudra, sans nuire à l'unité. C'est pourquoi, sans la moindre hésitation, je recommande l'usage immédiat de la brosse, comme étant le moyen le plus rapide et le plus sûr. »

Malgré son opinion très arrêtée sur ce point, M. Eaken laisse chaque élève libre de travailler suivant la méthode qui lui agrée le mieux.

Au reste, le caractère particulier de cette institution se trouve exposé dans l'extrait suivant d'une de ses publications :

« L'académie n'entreprend pas de fournir un enseignement de détail; elle se propose plutôt de mettre l'élève en état de poursuivre avec fruit des études soutenues par les conseils éventuels des professeurs. Les classes sont créées au profit exclusif de quiconque veut devenir artiste de profession. »

Si l'on peut contester la supériorité des procédés recommandés par M. Eaken, en revanche, voici un de ses autres partis pris, qui échappe mieux à la critique. Découvre-t-il chez quelque élève, homme ou femme, une tendance exagérée à « faire plat », c'est-à-dire à perdre de vue la notion du *modelé,* le professeur n'hésite pas : le malade est mis en traitement à l'atelier de modelage, attenant à celui du dessin. Aussi y avons-nous vu une vingtaine de sculpteurs, tous peintres.

Ce qui caractérise le plus particulièrement l'école de Philadelphie, c'est la place importante qu'y occupe l'étude de l'anatomie.

Pendant l'hiver, les élèves les plus avancés passent une partie de leur temps à la salle de dissection, et, une fois par semaine, ils suivent le cours du soir du docteur Keen, cours divisé en trente leçons.

Après une introduction traitant de l'anatomie dans ses rapports avec l'art — quatre leçons, — on s'occupe du squelette — huit leçons, — des muscles — douze leçons, — puis on passe à l'analyse des formes et des particularités individuelles de la face, dont les muscles sont soumis à l'action de l'électricité. Des têtes de chevaux, de moutons, de chiens et de chats disséquées servent de termes de comparaison — deux leçons; et l'on termine par l'étude des proportions, des mouvements du corps humain et des différences physiques de développement des sexes — quatre leçons.

Les préparations anatomiques exigées pour ce cours sont toutes faites par les élèves.

On était en trop bon chemin pour n'aller pas plus loin. Un équarrisseur de bonne volonté s'étant mis à la disposition de l'école, on se mit avec enthousiasme à l'anatomie du cheval.

Ces travaux sont complétés par un cours d'application fait en plein air, dès que la saison le permet; on y fait, sur l'animal vivant, des études d'attitudes et de mouvements.

Tout cela, sans contredit, doit paraître excellent à qui, comme nous, admet que l'anatomie est à la peinture ce que la syntaxe est à la littérature.

Aussi est-on en droit d'attendre d'un enseignement si bien ordonné d'excellents résultats. Ils sont appréciables déjà dans les sept compositions d'élèves dont nous donnons à la fin de cet article les reproductions, empruntées à la Revue mensuelle de Scribner, (*Scribner Monthley*).

Peints à l'huile en camaïeu, ces spécimens, qui représentent les élèves de l'Académie travaillant dans leurs classes respectives, nous serviront, en passant, à montrer le degré de perfection atteint par la presse illustrée de New-York.

Le musée de peinture et de sculpture, qui occupe l'étage supérieur du bâtiment, est ouvert au public pendant toute l'année. On y donne des concerts. Au printemps, les élèves y font une exposition de leurs travaux. C'est là qu'en novembre 1879 s'est tenue la première exposition de la « Société des artistes de Philadelphie », dont le catalogue, illustré de quarante-cinq reproductions de tableaux, donne les noms de trois cent soixante exposants.

Le nombre des élèves inscrits à l'Académie pour l'exercice 1878-1879 se subdivise comme il suit :

Classe d'antique inférieure . . .	41 hommes, 18 femmes . .	59
— — supérieure . . .	27 — 16 —	. . 43
Modèle vivant	81 — 47 —	. . 128
TOTAUX	149 hommes, 81 femmes . .	230

Les dépenses de cette institution, soutenue uniquement par des donateurs et des souscriptions particulières, ont été, pour l'année 1879, de 83,650 francs, y compris 42,645 francs payés pour intérêts de sa dette.

CLASSE DE DESSIN D'APRÈS L'ANTIQUE

Dessin de M. Philip B. Hohs.

CLASSE DE FIGURE D'APRÈS NATURE.
Dessiné et gravé par miss Alice Barber.

CLASSE DE FIGURE D'APRÈS NATURE
Dessin de M. Walter Davis.

ATELIER DE MODELAGE,
Dessin de M. James P. Kelly.

ATELIER DE DISSECTION,
Dessin de M. Thomas P. Anshutz.

COURS D'ANATOMIE,
Dessin de Charles H. Stephens.

ÉTUDE DE L'ANATOMIE DU CHEVAL
Dessin de M. Charles L. Fussell.

THE PENNSYLVANIA MUSEUM AND SCHOOL
OF INDUSTRIAL ART

LE MUSÉE ET L'ÉCOLE D'ART INDUSTRIEL DE PENSYLVANIE

Quelques citoyens de Philadelphie avaient formé le dessein de fonder un Muséum organisé sur le modèle de celui de South Kensington à Londres. L'Exposition universelle de 1876 rendit possible l'exécution de ce projet.

En 1873, le Conseil municipal et l'État votèrent d'un commun accord les fonds nécessaires pour l'érection, à Fairmont-Park, d'un édifice devant rester la propriété perpétuelle des citoyens et être utilisé de manière à servir, en même temps, à l'instruction et au plaisir intellectuel public.

Le *City Council* alloua 2,500,000 francs, et la « Pennsylvania législature » 5,000,000.

MÉMORIAL HALL, construit en deux années, fut inauguré par le Centenaire; on y fit l'exposition des Beaux-Arts, puis l'État et le Conseil municipal le remirent aux mains du Comité du *Pennsylvania Museum and School of industrial art*.

Cette installation définitive, qui date du 1er mars 1876, dota la Pensylvanie et sa métropole d'un musée d'art destiné spécialement à faciliter la fusion continue et progressive de l'art et de l'industrie locale, à l'aide de tous les moyens connus : écoles de dessin, de peinture, de modelage, bibliothèques spéciales, cours, conférences, etc., etc.

La première pensée fut d'ouvrir une souscription dont le résultat permît de retenir, parmi les objets exposés à Fairmont-Park, un grand nombre de ceux qui présentaient un intérêt spécial au point de vue du Musée. Le choix porta de préférence sur ceux qui, par leur nature, faisaient comprendre le plus clairement les principes d'art appliqués à leur production, et en dehors de ces acquisitions, le Museum, qui offre une superficie intérieure de 20,000 pieds carrés et 75,000 d'espace mural, s'enrichit de dons importants faits par les commissions étrangères et les exposants.

Puis, plus tard, de nouvelles donations et de nouveaux achats

MEMORIAL HALL.

vinrent successivement augmenter le premier fonds. Enfin, l'institution bénéficia bientôt d'une excellente coutume qui tend à se généraliser parmi les riches collectionneurs, assez nombreux dans l'ancienne capitale des États-Unis.

Beaucoup d'entre eux donnent, avant de se mettre en voyage, leurs collections en dépôt au Museum. Au lieu de rester enfermés, inutiles à tous, pendant l'absence du propriétaire, ces objets d'art deviennent les éléments d'une exhibition publique de haut intérêt.

Là, tous les artisans curieux et chercheurs viennent puiser des inspirations qu'ils ne sauraient trouver nulle part ailleurs.

Un des stimulants les plus énergiques des industries locales est sans contredit la connaissance acquise des travaux exécutés à

l'étranger. A l'appui de cette observation, on peut citer ce fait :
deux frères forgerons, venus de province à Fairmont-Park en
1876, s'arrêtent devant une exposition d'objets de fer ouvragé; ils
admirent sans se lasser, étudient de près, tâchent de se rendre
compte des procédés d'exécution, assurément fort compliqués, se
piquent au jeu, et se jurent « d'en faire autant ». Ils s'en retour-
nent au village, se mettent à l'œuvre, inventent et fabriquent eux-

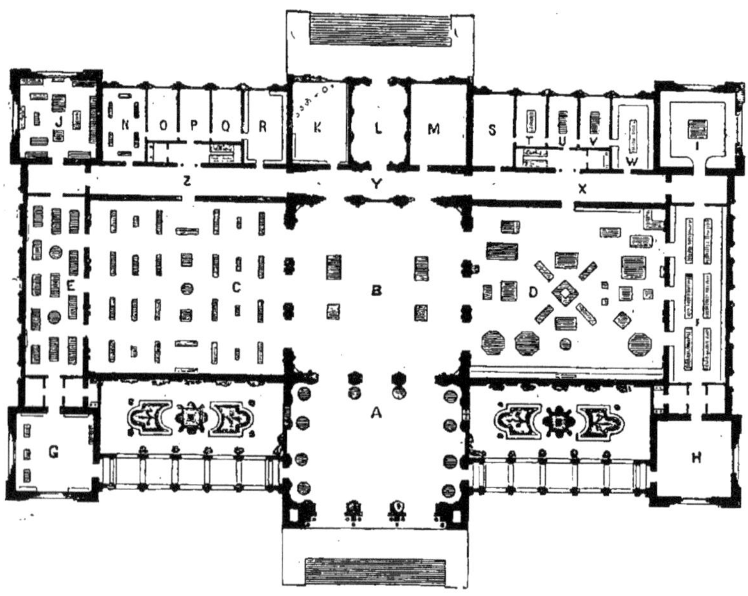

PLAN DU REZ-DE-CHAUSSÉE

A. Vestibule. — B. Rotonde. — C. Verre, céramique et métal. — D. F. I. S. T. U. V. W. Mines,
métallurgie. — E. Collection indienne. — G. Architecture et sculpture sur bois. — J. Textiles. —
K. Ameublement. — L. Antiquités américaines. — M. Détails d'ornement architectural. — N. O. Ateliers. — P. Bureau. — R. Bibliothèque. — X. Y. Z. Cartes, eaux-fortes et dessins.

mêmes les outils qu'ils jugent nécessaires et, finalement, à force de
patience et d'efforts, parviennent à produire des équivalents très
remarquables.

En raison de la situation excentrique du Muscum, l'école proprement dite ne pouvait guère y être établie. Aussi l'a-t-on placée sur un point plus central de la ville.

Le prix d'admission aux cours est, par an, de 50 francs pour ceux du jour et de 25 pour ceux du soir; ils ont été suivis en 1879 par cent sept élèves.

SPRING GARDEN INSTITUTE

L'INSTITUT DE SPRING GARDEN

Cette institution, qui compte vingt-huit années d'existence, a pour mission principale d'aider au développement moral et intellectuel de la jeunesse des deux sexes.

Admirablement dirigé par un groupe nouveau d'hommes énergiques et dévoués, l'Institut, dont la situation est d'ailleurs très prospère, obtient aujourd'hui les meilleurs résultats.

Voici d'ailleurs quelques renseignements spéciaux tirés du « Rapport annuel » de l'exercice 1879 :

Les sommes recueillies par souscription et par don s'élèvent à 25,600 francs; 22,600 francs ont été consacrés à des améliorations matérielles de toute nature. On a fait des conférences scientifiques, littéraires et donné des concerts dans une salle qui, spécialement aménagée, peut contenir un millier d'auditeurs. Une seule de ces soirées n'a pas été gratuite, on ne pouvait entrer ce soir-là qu'en payant..... un volume par personne. Grâce à l'ingéniosité de l'idée, le *Book's reception,* comme on dit, porta de six mille à huit mille le nombre des volumes appartenant à la bibliothèque de l'Institut.

En parcourant les classes d'architecture et de mécanique, qui sont fréquentées par plus de trois cents élèves, on est frappé de l'entrain et de l'application de cette foule, avide de savoir, où des jeunes filles aux toilettes bourgeoises, élégantes, travaillent coude à coude avec de grands garçons aux mains endurcies par l'usage de l'outil.

Parmi ceux-ci, quelques-uns viennent de loin; les autres appartiennent au personnel des ateliers d'alentour, où se construisent les machines du *Pennsylvania railroad*, la Compagnie modèle de chemin de fer aux États-Unis. Des fenêtres de l'Institut on aperçoit ses immenses chantiers de construction, dont les hautes cheminées, toujours empanachées de fumée rougeâtre, donnent, la nuit, à tout le quartier un aspect vraiment fantastique.

PHILADELPHIA SCHOOL OF DESIGN FOR WOMEN

ÉCOLE DE DESSIN DE PHILADELPHIE POUR LES FEMMES

La fondation de l'école de dessin de Philadelphie pour les femmes remonte à 1849; elle est due à l'initiative de Mme Sarah Peter.

Le but qu'elle s'est proposé est de faciliter aux jeunes femmes l'étude systématique des principes des arts du dessin et de leurs applications industrielles.

L'année scolaire est divisée en deux sessions de cinq mois, à raison de 100 francs par session et par élève. La recette ne suffit pas à couvrir les frais, et l'établissement ne saurait vivre longtemps, s'il n'était énergiquement soutenu par des donations particulières.

L'enseignement est réparti, dans les quatre classes qui le composent, suivant un programme d'études assez complexe.

C'est qu'en effet, dans la petite maison à quatre étages où deux cents élèves ont peine à se loger, on fait de tout un peu : peinture sur soie ou porcelaine, à l'huile ou à l'aquarelle, lithographie, gravure sur bois, dessin d'après la plante vivante ou d'après l'antique, ou d'après les modèles de Julien.

Nous avons admiré un jeune élève qui s'efforçait de grouper, sur une large feuille de papier, une quantité de choses hétéroclites : un chou, d'autres légumes, un foulard rouge, des perles, une bouteille, un chapeau à plumes, etc.; c'était une « étude de nature morte ».

On abuse aussi dans cette institution des coquillages, des papillons et des oiseaux empaillés comme objets proposés à l'étude.

Qui sait, pourtant? Peut-être, malgré ce désordre apparent, trouve-t-on moyen de mettre en pratique l'étude systématique dont la théorie est si hautement affirmée par les statuts de l'institution! N'insistons pas.

BALTIMORE

7

BALTIMORE

THE PEABODY INSTITUTE

L'Institut comprend : école, musée et bibliothèque. Les constructions entreprises dès 1857 ont été longtemps entravées par la guerre civile, et le gros œuvre n'a guère été terminé qu'en 1866.

D'un autre côté, la bibliothèque, commencée seulement en 1875, ne put ouvrir ses portes qu'en 1878; le musée enfin a été inauguré cette année même.

En résumé, si l'on additionne, d'une part, les mois et, de l'autre, les centaines de mille francs qu'aura coûté la création de l'Institut, on obtient ces deux totaux : vingt-trois années et cinq millions; et l'on est bien forcé d'admirer la munificence si longuement soutenue de l'homme éminent qui a tout pris à sa charge, M. Georges Peabody.

Il n'y a pas d'ailleurs à insister longuement sur cette institution, qui sort à peine de sa première période d'organisation.

En dehors du dessin, l'école enseigne toute science ayant surtout une portée pratique : les mathématiques, la géométrie, l'architecture, la chimie, etc.

Le musée, composé surtout de moulages, fournit aux classes de dessin le complément de renseignements artistiques propres à affermir le goût de l'élève. Nous avons remarqué une copie, en bronze, des portes du Baptistère de Florence par Ghiberti.

La bibliothèque, une merveille architecturale, ne contient pas moins de soixante-sept mille volumes.

Signalons en outre : 1° deux salles de conférences pouvant contenir l'une douze cents et l'autre six cents personnes ; 2° un grand salon, spécialement consacré à des concerts de musique de chambre donnés sous la direction de l'Académie de musique qui fait partie de cette puissante organisation.

LA BIBLIOTHÈQUE DU PEABODY INSTITUTE

THE MARYLAND INSTITUTE

L'INSTITUT DU MARYLAND

The Maryland Institute, qui date de 1849, se compose d'une bibliothèque (quatre-vingt-dix mille volumes), de salles de conférences et d'une école d'art et de dessin. Accessoirement, on y enseigne la chimie, les langues vivantes, la musique et le commerce.

L'école de dessin, pourvue d'un excellent matériel, a surtout pour objectif le développement de l'art industriel.

Les cours, fréquentés par plus de trois cents élèves, sont ouverts, ceux du soir, pendant cinq mois de l'année; ceux du jour, pendant huit mois, et les femmes sont en majorité. Ce sont encore des femmes que nous trouvons à la tête d'une œuvre plus modeste, de fondation toute récente, qui, sous le nom de

DECORATIVE ART SOCIETY OF BALTIMORE
(Société des Arts décoratifs de Baltimore),

offre à ses adhérents, outre un enseignement spécial, des salles d'exposition et de vente.

L'enseignement comprend des leçons de dessin, de peinture sur porcelaine, de travaux d'art à l'aiguille.

L'Exposition, ouverte tous les jours gratuitement au public, occupe un magasin sur la rue. Elle se compose de peinture sur faïence, porcelaine, soie et bois, de miniatures, de broderies, de tapisserie, etc.

Les objets à exposer ou à vendre sont soumis à un comité d'ad-

TABLE A DESSIN POUR SIX ÉLÈVES,
Maryland Institute.

mission qui se réunit deux fois par semaine, et un droit de 10 p. o/o est prélevé sur les ventes, aussi bien que sur les travaux exécutés sur commande.

La cotisation annuelle est de 25 francs.

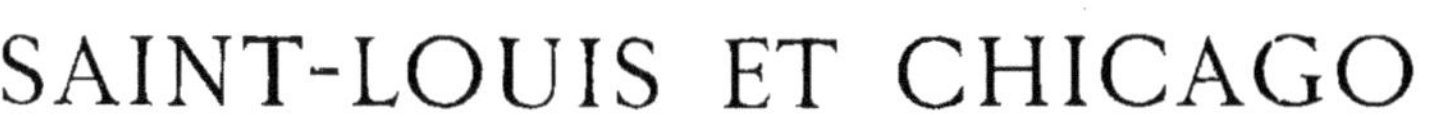# SAINT-LOUIS ET CHICAGO

SAINT-LOUIS

THE SAINT-LOUIS SCHOOL OF FINE ARTS

L'ÉCOLE DES BEAUX-ARTS DE SAINT-LOUIS

L'établissement occupe une partie des bâtiments de *Washington University*, où l'on faisait déjà, il y a vingt ans, des cours de peinture et de dessin.

Fondée en 1875, la nouvelle École des beaux-arts de Saint-Louis inaugure une ère nouvelle de prospérité, grâce à un don de 750,000 francs fait en 1879 par un généreux citoyen.

Le prospectus qu'elle publie, après avoir déclaré que le but principal de l'Institut est l'étude du dessin appliqué à l'industrie, fait la remarque suivante :

« En examinant la marche donnée à notre enseignement, on verra que la direction initiale ne diffère en aucune façon de celle qui serait suivie en vue d'études purement artistiques. »

Et plus loin :

« Les élèves sont autorisés à s'adonner particulièrement à l'étude de la peinture, du modelage, de l'ornement et même de la sculpture sur bois (branche très cultivée actuellement). » Mais on ne manque pas de leur recommander « l'acquisition des connaissances fondamentales qui mettent à même de dessiner avec exactitude un objet, quel qu'il soit. »

Au reste, pour ne pas laisser prendre aux élèves de ces habitudes pernicieuses dont on a tant de peine à se défaire, leurs premiers essais sont suivis avec la plus grande attention.

Ainsi se trouve résumée en quelques mots la doctrine du jeune et savant directeur actuel, M. H.-C. Yves.

L'école compte aujourd'hui plus de 400 élèves. Ils sont divisés en trois catégories, savoir :

1° 78 élèves qui suivent quatre fois par semaine les cours du soir. Ce sont des professeurs et des ouvriers qui sont, dans le jour, occupés à l'école ou à l'atelier.

2° 240 élèves de *Washington University*, qui consacrent, par semaine, 4 à 15 heures à l'étude du dessin.

3° Une centaine de jeunes gens qui travaillent, les uns en simples amateurs, les autres en vue de professer plus tard eux-mêmes, ou de se faire un nom dans la carrière des arts.

Outre les cours dont nous venons de parler, on fait des conférences. A peine, la première année, y voyait-on une soixantaine d'auditeurs. On en compte aujourd'hui plus de cinq cents.

Ces résultats encourageants sont dus à un heureux concours de circonstances qui, autour d'un directeur actif et intelligent, ont rassemblé un petit groupe d'artistes dans une parfaite communauté de vues, et tous décidés à maintenir l'enseignement à la la hauteur que commandent les exigences actuelles.

CHICAGO

CHICAGO ACADEMY OF DESIGN

ACADÉMIE DE DESSIN DE CHICAGO

La ville la plus importante de l'Ouest attend encore son bienfaiteur, l'homme éclairé, de foi assez robuste et d'énergie assez puissante pour réagir au nom de l'art contre l'indifférence d'une population qu'absorbent tout entière des préoccupations d'un ordre purement matériel, et c'est en vain que des artistes de mérite comme le peintre J. Roy Robertson ou comme le sculpteur L. Wolk et d'autres avec eux ont payé de leur personne, trop ignorée de leurs concitoyens.

L'*Académie de dessin de Chicago* autour de laquelle ils s'étaient groupés, à peine née, était détruite par le grand incendie de 1874. Réédifiée, elle eut à lutter avec des difficultés financières qui jusqu'à présent ont paralysé son développement. A certains signes cependant on peut prévoir que cette situation ne tardera pas à se modifier, et déjà une nouvelle Académie est en train de s'organiser à côté de l'*ancienne*.

WASHINGTON

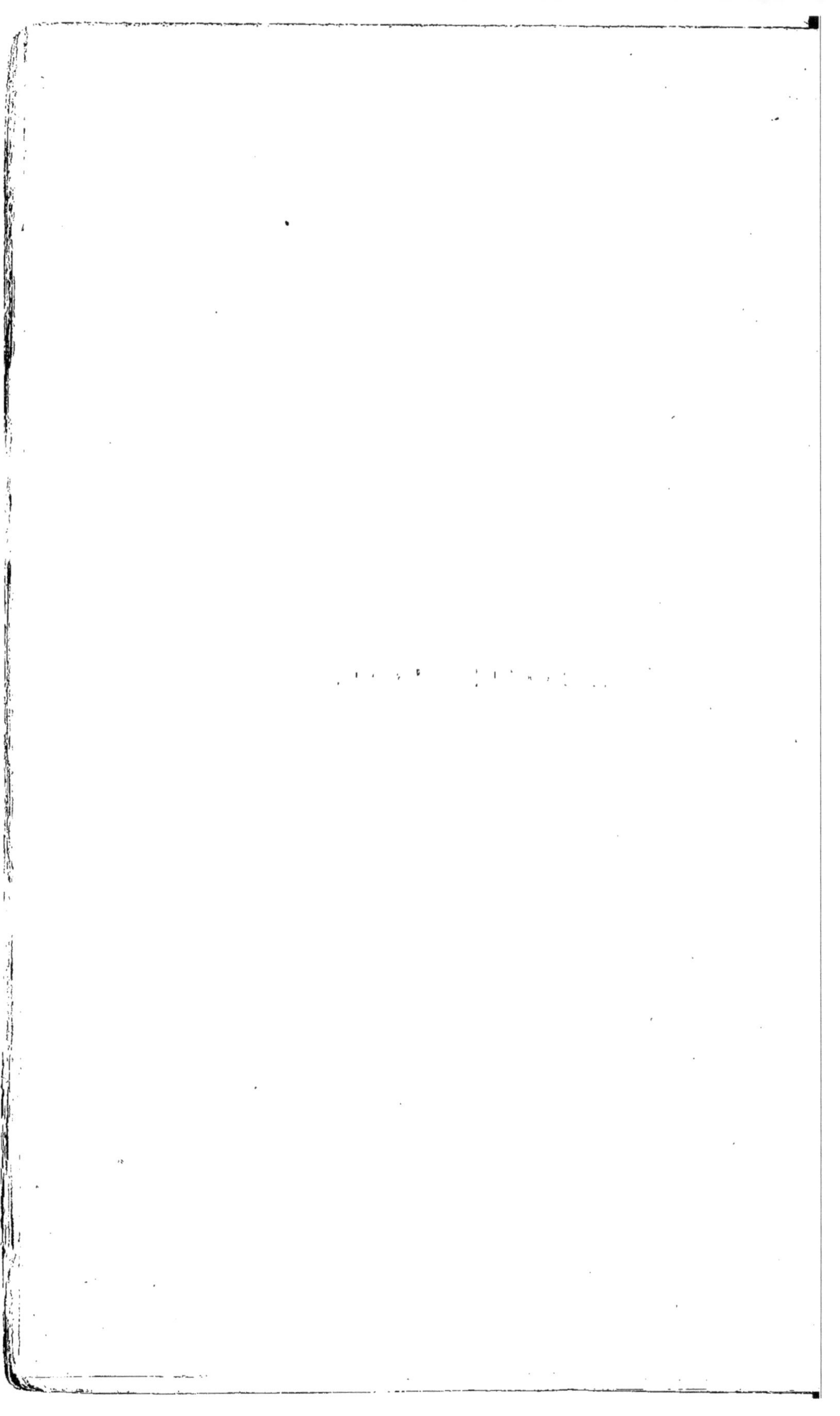

WASHINGTON

Siège des grandes administrations du pays et du gouvernement central, Washington, avec ses nombreux monuments, ses grands espaces, ses larges avenues sans ombre et son calme, rappelle

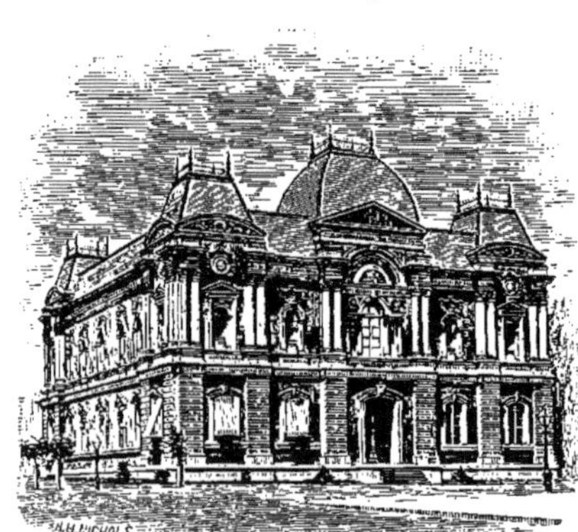

CORCORAN GALLERY

beaucoup notre Versailles tel que nous l'avons connu pendant les années qui suivirent la guerre de 1870.

Si nous avons gardé pour la fin la capitale des États-Unis, c'est qu'elle est peu intéressante au point de vue spécial qui nous occupe. Il ne s'y rencontre pas, en effet, d'école d'art proprement dite.

Et cependant le dessin est très en honneur dans les écoles publiques, où l'auteur de ce travail a eu la surprise de trouver en pleine application une idée qu'il préconise depuis longtemps déjà : celle d'utiliser le dessin comme moyen d'enseignement dès que le sujet traité prête à quelques développements pittoresques. Ainsi, le professeur peut enseigner l'histoire, la géographie, etc., à l'aide de croquis, qui, rapidement tracés au tableau, excitent l'intérêt et soutiennent l'attention des élèves. La leçon devient moins aride, et, se trouvant apprise à la fois par les yeux et par les oreilles, elle se grave plus profondément dans la mémoire.

En tant qu'institutions artistiques, nous ne pouvons guère citer que *the Corcoran Gallery of Art* et *the Smithsonian Institute*, deux fondations privées. Mais ce ne sont pas des écoles, ce sont des musées, et ils ont été trop souvent décrits ailleurs pour qu'il nous paraisse utile d'en parler ici plus longuement.

En revanche, nous devons une mention particulière à l'établissement qui, sous le nom de *Bureau d'éducation*, met à la disposition du public, avec une libéralité rare, la collection la plus complète qu'on puisse désirer de documents internationaux relatifs à l'enseignement. Cette sorte de « Bibliothèque pédagogique, qui n'a pas plus de dix ans d'existence, contient 10,0000 volumes et 25,000 brochures, et édite aux frais de l'État la traduction des plus intéressantes d'entre les publications étrangères spéciales. Ainsi, dans une de ces Circulaires d'information du Bureau d'éducation, nous avons remarqué une traduction résumée du Rapport sur l'instruction primaire à l'Exposition universelle de Philadelphie en 1876, par M. Buisson.

Il va sans dire que là se trouve aussi tout ce qui paraît aux États-Unis touchant les questions d'enseignement.

Or, en parcourant une partie de ces innombrables documents, nous avons lu, dans le Rapport sur les écoles publiques du Maryland, sous ce titre : *Neglected children* (les enfants délaissés), la mention d'un vœu qui, formulé par le Comité des écoles dudit État, nous a vivement frappé.

Le rapporteur aborde un problème de la plus haute importance, et la hardiesse de sa solution est d'un intérêt tel que nous n'hésitons pas à en donner une courte analyse, bien que le sujet traité ne rentre pas exactement dans notre cadre.

Le rapport établit d'abord que sur les 69,303 enfants comptés dans l'État, 23,736 se trouvent éloignés de l'école par la misère ou le délaissement. Comment les y ramener? En décrétant l'école obligatoire. Mais, la loi promulguée, le moyen d'obtenir son exécution? Rien de plus simple. Pour qu'elle ne reste pas lettre morte, il suffit de donner une prime à qui s'y soumettra.

« Pas plus que les parents criminels ou indigents, dit le rapporteur, les enfants délaissés ne se soucient de l'instruction.

« Leur unique et constante préoccupation est d'avoir un peu d'argent. Un gamin en loques passera pieds nus dans la neige des heures entières pour gagner 5o centimes à vendre des journaux. Offrezlui 2 fr. 5o par semaine pour venir s'abriter tout le jour dans vos classes bien chauffées, et le pauvre petit n'hésitera pas. Rien que dans la ville de Baltimore, nous verrons, grâce à cet expédient, cinq mille enfants fréquenter l'école, qui, sans cela, n'y eussent jamais mis les pieds.

« La dépense sera considérable, sans doute, mais s'il est en effet bien évident que l'instruction est le meilleur remède à opposer au crime, cette mesure n'aura-t-elle pas pour effet de dépeupler sensiblement, petit à petit, les prisons et les maisons de charité, qui coûtent à l'État chaque année des millions de francs directement, et, indirectement, bien davantage? Ce qui semble aujourd'hui une dépense considérable constituerait donc, en réalité, une économie à bref délai. »

A la suite de cet exposé de principes vient un projet rapide de ce que ces écoles, établies sur un plan spécial, devraient être.

Heures de classe. — 2 heures d'abord; 6 plus tard.

Présence et tenue. — Dans le commencement, fermer les yeux sur quelques irrégularités et tolérer les haillons.

Méthode d'enseignement. — Oral et objectif autant que possible.

Études. — Plus de temps aux travaux manuels qu'à ceux où l'usage de la mémoire est nécessaire. Beaucoup de musique et de *dessin.* Gymnastique, exercices militaires; apprentissages industriels quelconques, conduisant à la connaissance d'un métier.

Récompenses. — Dons d'objets de première nécessité, à titre, non de charité consentie, mais de payement d'un travail fait. Exemple : une paire de souliers à ceux qui n'en ont pas.

Punitions. — Suppression partielle ou totale des avantages attachés à la fréquentation de l'école.

Professeurs. — Des hommes se considérant, non comme des « travailleurs à la journée », mais bien plutôt comme des « missionnaires ». Ils n'attendraient pas que les élèves vinssent à eux, ils iraient les chercher. Ce personnel, d'ailleurs, serait parfaitement au courant des diverses méthodes d'instruction élémentaire. Le salaire serait peu élevé. Les maîtres seraient donc choisis parmi les personnes qui, pouvant se passer d'un gros supplément de gain pour vivre, seraient disposées à vivre un peu pour les autres. Certes, il ne manque pas de femmes toutes prêtes à se dévouer pour une œuvre de cette nature.

UN DERNIER MOT

Nous nous arrêtons, bien que le sujet ne soit pas épuisé.

L'immense contrée que nous avons parcourue, de New-York à San-Francisco et du Canada à la Nouvelle-Orléans, aurait pu nous fournir, sans sortir de notre sujet, la matière d'un gros volume.

Nous nous étions proposé seulement de jeter quelque lumière sur ce qui s'y est fait depuis peu dans l'intérêt de l'art, d'indiquer la tendance générale des esprits dans ce domaine.

Pour rester dans les limites de ce programme et ne pas nous exposer à des redites, qui seraient inévitables si nous voulions tenter de passer en revue tous les établissements consacrés à l'enseignement du dessin, nous nous en sommes tenu à ceux que certaines particularités rendaient utiles à connaître.

Pourtant ce n'est pas sans regret que nous avons passé sous silence des écoles comme celles de San-Francisco, de Cincinnati, de Colombus dans l'Ohio et tant d'autres.

Ce travail d'élimination auquel nous avons dû nous livrer n'a pas été la partie la moins délicate, la moins ardue de notre tâche.

Donc, nous avons voulu être court, et peut-être trouvera-t-on que, là même où nous nous sommes arrêté, nous avons été trop sobre de développements. Nous ne le pensons pas.

Nous croyons, au contraire, que les simples indications que nous venons de fournir suffiront pour bien mesurer l'étendue du danger qui menace la France sur le terrain de la production artistique.

Ce danger, Prosper Mérimée, le premier, l'avait signalé il y a trente ans.

A notre tour, et dans les conditions nouvelles où elle se présente, nous appelons très instamment l'attention sur cette grave question.

On a pu toucher du doigt les progrès récemment accomplis par les nations voisines, l'Angleterre, l'Autriche, l'Allemagne, la Belgique, etc.

On connaissait moins les États-Unis sous ce rapport; là, l'ampleur des conceptions, la recherche des méthodes, la rapidité d'exécution se sont donné librement carrière avec une hardiesse inconcevable. Tout cela est dû uniquement à l'initiative individuelle.

Prenons-y garde, ce qu'il nous faut aujourd'hui, c'est un courant d'opinion assez fort pour venir en aide aux hommes éminents qui, dans les conseils du gouvernement, ont pris l'initiative des réformes propres à éloigner du pays les chances d'effacement ou seulement d'amoindrissement, dont on a pu recueillir déjà de si graves indices.

Ici quelques renseignements sur les travaux accomplis en France depuis deux ans ne seront peut-être pas déplacés.

Le crédit de 350,000 fr. affecté à l'enseignement du dessin, inscrit au budget des Beaux-Arts en 1879, — alors que, l'année précédente, on ne disposait que de 40,000 fr.,—a été le point de départ des réformes dont l'application se poursuit en ce moment.

Pour se rendre un compte exact des besoins qu'on allait avoir à satisfaire, plusieurs inspecteurs furent désignés, qui servirent d'intermédiaire entre la direction centrale et les départements.

Les premiers renseignements fournis par ces agents ne laissaient subsister aucun doute sur le bien fondé des appréhensions dont s'était inspirée la munificence de nos législateurs.

Le mal était encore plus grand qu'on ne le supposait.

On décida alors l'établissement à Paris d'un musée pédagogique. Depuis sa fondation, il a expédié gratuitement plus de 10,000 modèles aux écoles de province. Vingt de ces écoles, dites régionales, vont être dotées d'un budget de 25,000 fr.; les unes existent, les autres sont à créer, toutes seront munies d'un cadre d'enseignement établi d'après les méthodes rationnelles et comprenant les développements que comportent les industries de la région.

Très judicieusement on pense que le moyen d'intéresser sérieusement les villes au développement des écoles de dessin n'est pas de leur imposer un enseignement uniforme. Approprié aux besoins de la production locale, cet enseignement a bien plus de chance d'être apprécié.

C'est ainsi que l'administration des Beaux-Arts, respectueuse de la légitime indépendance des municipalités, a fait appel à leur initiative, tout en mettant à leur disposition les moyens d'action si puissants dont elle dispose.

Il n'y a donc pas à désespérer : on travaille, et c'est en province, plus encore qu'à Paris, mieux outillé et de vieille date, que les effets bienfaisants des dispositions nouvelles se sont le mieux fait sentir déjà.

Mais il faut redoubler d'efforts.

Pour conserver le rang que nous n'avons pas encore perdu, la voie choisie est bonne, il faut la suivre en l'élargissant; et bientôt, nous n'en doutons pas, tous nos instituteurs seront mis à même et en demeure d'enseigner dans leurs classes respectives les premiers éléments du dessin, — comme en Amérique.

Paris. Imprimerie P. Mouillot, 13, 15, quai Voltaire. — t. 22638.

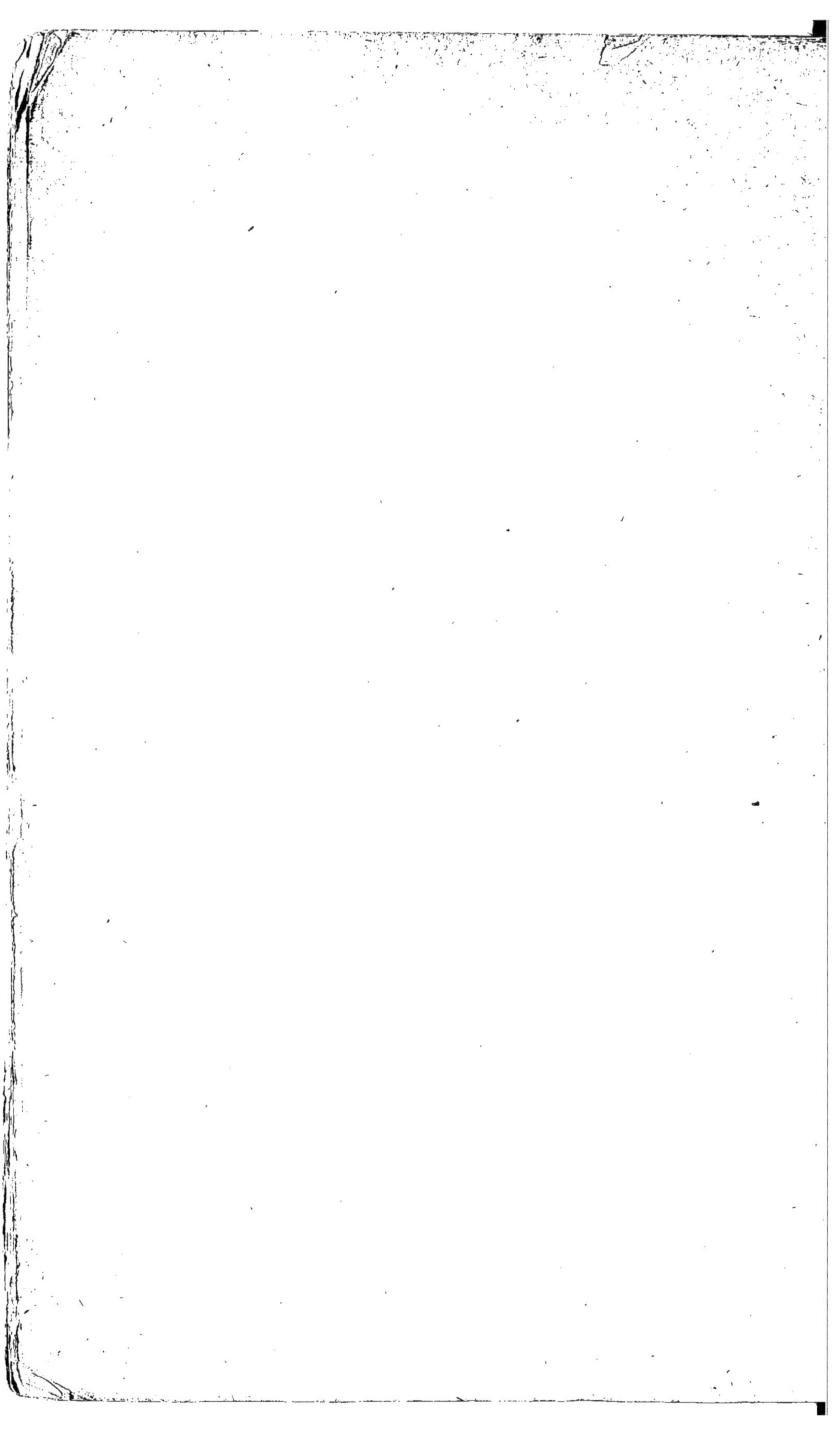

LIBRAIRIE CH. DELAGRAVE

PARIS, 15, RUE SOUFFLOT

ENSEIGNEMENT DU DESSIN PAR LES SOLIDES

APPLICABLE DANS LES ÉCOLES PRIMAIRES, PROFESSIONNELLES ET SUPÉRIEURES

1º **Musée-Recueil** de modèles exécutés : 1º d'après les formules géométriques ; 2º d'après les [originaux choisis dans l'antiquité, le Moyen Age, la Renaissance et les xviie et xviiie siècles ; par M. [
CHÉDEVILLE, sculpteur, sous la direction de MM. CLAUDE SAUVAGEOT, AUGUSTE RACINET, et J.-A. LOUV[
DE LAJOLAIS, membres de l'Union centrale des Beaux-Arts appliqués à l'industrie : — 85 *Modèles sol[
en plâtre.*

Prix de la collection complète . . . . 150[

La collection élémentaire seule, composée de 58 modèles . . . . 50[

La collection complète, moins la collection élémentaire . . . . 100[

— *Reproduction photographique* de la collection complète, en cinq feuilles. Prix de chaque
feuille. . . . . 3[

Cette collection a obtenu à l'Exposition de l'Union centrale un diplôme d'honneur spécial, délivré par le Jury des Écoles[
présidé par M. Guillaume, directeur des Beaux-Arts.

2º **Atlas graphique** de 58 planches tirées à part, dont un grand nombre en chromolithograp[
et précédées d'un texte avec 300 figures intercalées, accompagnant les modèles en relief du *Mu[
Recueil.*

Cet Atlas est ainsi divisé : — Planches 1 à 10 : Exercices divers, figures géométriques. — Pl. 11 à 14 : Charpente et serrure[
Pl. 15 à 27 : Etudes de Lavis. — Pl. 28 à 43 : Etudes de plantes, feuilles et fleurs d'après nature. — Pl. 44 à 49 : Reprodu[
de quelques-uns des modèles en relief. — Pl. 50 à 52 : Papillons, insectes et coquillages. — Pl. 53 à 58 : Relevé géométral [
maison.

Prix de l'Atlas, renfermé dans un carton . . . . 10[

3º **Collection supérieure.** — *Modèles inédits d'ornement*, moules sur les monuments frança[
exécutés pour l'École nationale des Arts Décoratifs, sous la direction de l'assemblée des professeurs[
l'École.

Prix de la collection complète (35 modèles en plâtre) . . . . 160[

4º **Nouvelle collection** formant un cours élémentaire d'ornements géométriques à deux plans[
M. HÉDIN, professeur à l'École nationale des Arts Décoratifs et dessinés par M. FORGET, répétiteu[
ladite école. 12 modèles. Prix de la collection. . . . . 40[

Chaque modèle se vend . . . . 3[

5º **Collection anatomique.** — *Modèles d'animaux*, exécutés par M. le professeur ROUILL[
pour les cours de sculpture et d'anatomie comparée à l'École nationale des Arts Décoratifs. 8 *Modèle[
plâtre* . . . . 57[

Collection de 7 solides géométriques, moulés en zinc par le procédé de M. J. RANV[
breveté S. G. D. G. . . . . 42[

Collection de 10 modèles en plâtre, composés de modèles empruntés à l'Antique,[
M. SOBRE, professeur à l'École Colbert. . . . . 30[

Chaque modèle se vend . . . . 3[

COURS DE M. THOMAS

Collections de modèles en fil de fer représentant les tracés de géométrie plane et[
solides géométriques, à l'usage des écoles primaires, des écoles normales de l'enseignement seconda[
etc., par A. THOMAS, architecte, ancien élève de l'école des Beaux-Arts, directeur de l'école professionn[
Durzy à Montargis.

Tracés géométriques : 130 tracés. La collection . . . . 250[

Les solides développables : 19 tracés. La collection . . . . 140[

Tous les modèles de nos collections se vendent séparément.
N. B. — Voir pour plus de détails le catalogue spécial qui est envoyé franco sur demande affranchie.

9 782013 689991